Irenäus Eibl-Eibesfeldt

In der Falle des Kurzzeitdenkens

IRENÄUS EIBL-EIBESFELDT

In der Falle des Kurzzeitdenkens

Mit 25 Abbildungen

Piper
München Zürich

ISBN 3-492-03315-6
2. Auflage April 1999
Piper Verlag GmbH, München 1998
Umschlag: Zero, München
Umschlagabbildung: Tony Stone, München
Gesamtherstellung: Clausen & Bosse, Leck

»Alles Lebendige sucht nach einer besseren Welt.«
Karl R. Popper

»Der Mensch ist etwas, das überwunden werden soll.
Was habt ihr getan, ihn zu überwinden?«
Friedrich Nietzsche

Inhalt

An der Schwelle zum dritten Jahrtausend

Sind wir geistig und materiell für das dritte Jahrtausend gerüstet? Vielen kommen angesichts der gegenwärtigen Unsicherheiten Zweifel. Wohin führt die in Europa allenthalben festzustellende Individualisierung der Gesellschaft? Bemerken wir nicht eine zunehmende Erodierung bürgerlicher Tugenden und, wohl im Gefolge, Zerfallserscheinungen in den traditionellen nationalen Solidargemeinschaften? Wohin führt die Globalisierung der Wirtschaft? Von einer erhofften weltweiten Verbrüderung ist zunächst nichts zu bemerken, wohl aber von einer Wiederkehr eines rücksichtslosen Wettbewerbs, den die Soziale Marktwirtschaft überwunden zu haben glaubte. Weltweit nimmt die Armut zu, vor allem in den Entwicklungsländern, denn dort werden die meisten Kinder geboren. In Afrika betrug der jährliche Bevölkerungszuwachs (Geburten- minus Sterbefälle) zwischen 1990 und 1995 nach Angaben der Vereinten Nationen 2,8 % gegenüber 0,2 % in Europa. Dabei erreicht die Tragekapazität unseres Planeten für ein menschenwürdiges Dasein ihre Grenzen. Jährlich geht durch Erosion mehr Akkerland verloren, als neu unter den Pflug genommen werden kann. Wanderbewegungen sind die Folge, die unseren Frieden bedrohen, denn auch Europa ist übervölkert und lebt unter anderem vom Import fossiler Energieträger. Nicht auszudenken, welche Folgen ein plötzliches Ausbleiben der Öllieferungen für Westeuropa haben könnte. Zwei Ölkrisen haben wir ja bereits erlebt.

Grund zum Pessimismus? Nicht unbedingt. Man kann all

diese Entwicklungen auch als Ergebnis eines außerordentlichen Erfolges betrachten. Wie keine andere größere Art zuvor haben wir Menschen uns über unseren Planeten verbreitet, und wir schufen uns mit der arbeitsteiligen städtischen Großgesellschaft Voraussetzungen für eine einmalige kulturelle Entfaltung im wissenschaftlichen, künstlerischen und technischen Bereich. In hundert Jahren schafften wir den Fortschritt von den ersten unbeholfenen Automobilen zur Raumfahrt. Kinder spielen heute mit elektronischen Geräten, die sich die kühnste Phantasie der Utopisten des vorigen Jahrhunderts nicht auszudenken vermochte. Wir sind zweifellos klug, und das könnte uns weiterhelfen. Zum fatalistischen Treiben-Lassen der Dinge sehe ich keinen Grund. Wir sind, wie Hubert Markl (1986) es einmal ausgedrückt hat, ein »Volltreffer der Evolution«, und das sollte uns zu weiteren Hochleistungen ermutigen. Eigentlich ist kaum vorstellbar, was eine Art, der in einem einzigen Jahrhundert der Durchbruch vom mechanischen ins elektronische Zeitalter gelang, in weiteren tausend, ja zehntausend Jahren alles erreichen könnte.

Allerdings gibt es offensichtliche Probleme. Denn während wir die diffizilsten technischen Herausforderungen bewältigten, diskutieren und experimentieren wir seit Jahrhunderten mit mäßigem Erfolg Fragen der sozialen Gerechtigkeit und der politischen Führung, die zunächst einfacher lösbar scheinen als die Konstruktion einer Marssonde. Wie kommt es, fragen wir uns, daß wir als so intelligente Wesen mit der Lösung unserer sozialen und neuerdings auch ökologischen Probleme solche Schwierigkeiten haben?

Stammesgeschichtliche Belastungen [1]

Im Spätsommer 1975 lernte ich im westlichen Bergland von Neuguinea die Eipo kennen, eine Gruppe neusteinzeitlicher Gartenbauer, die zu jenem Zeitpunkt noch völlig ihren steinzeitlichen Traditionen gemäß lebten. Ihre Gärten brachen sie mit Grabstöcken um. Holz bearbeiteten sie mit Steinbeilen. Ihre Taro-Wurzeln säuberten und schnitten sie mit Schiefermessern. Ihre Kriege führten sie mit Pfeil und Bogen. Sie verzehrten gelegentlich auch ihre Feinde, zeigten also eine Reihe von archaischen Verhaltenszügen. Wulf Schiefenhövel, der wenige Monate zuvor mit einigen Kollegen den Erstkontakt mit dieser Gruppe aufgenommen hatte und der als Felddirektor die Forschungsarbeiten organisierte [2], hatte einen kleinen Landestreifen angelegt. Als nun die ersten Kleinflugzeuge landen konnten, fragte Schiefenhövel – er hatte mittlerweile die Sprache der Eipo gelernt –, ob nicht zwei der Männer einmal ihre Gegend von oben aus der Luft betrachten wollten (Schiefenhövel 1993). Zwei Mutige fanden das interessant und sagten ja. Allerdings meinten sie, er sollte die Türen aushängen. Sie wußten, daß dies möglich war, denn bis zur Errichtung des Landestreifens war die Forschergruppe durch Abwurf versorgt worden. Die Männer gaben vor, dann besser sehen zu können. Als es zum Start kam, schleppten sie in ihren Armen Felsbrocken herbei. Befragt, wozu, sagten sie: Die wollen wir jetzt, wenn wir über das Fa-Tal fliegen, unseren Feinden aufs Dorf werfen!

Da haben Menschen, die bis dahin Metalle nicht kannten, die Flugzeuge für Boten aus einer anderen Welt und uns selbst als Geister betrachtet hatten, nun zum erstenmal Gelegenheit, diese Werke der Technik zu benutzen und ihre Welt aus einer neuen Perspektive zu betrachten – und was kommt ihnen in den Sinn? Wie praktisch doch diese Instrumente gegen ihre Feinde einzusetzen wären! Denken die Eipo also *modern* oder denken wir gar *archaisch*?

Auf jeden Fall denken wir nicht sehr viel anders. 1891 schaffte Otto Lilienthal die ersten Gleitflüge über 300 Meter, 1896 stürzte er dabei ab. 1900 experimentierten die Gebrüder Dayton und Wilbur Wright mit einem Doppeldekker, 1901 gelangen ihnen die ersten Gleitflüge bis 100 Meter. 1903 bauten sie einen Motor in ihren Doppeldecker ein, der zwei Luftschrauben antrieb. Sie schafften nun schon vier Geradeausflüge bis zu einer Minute Dauer, im folgenden Jahr flogen sie die ersten Bögen und im Jahr darauf die erste größere Strecke über 45 Kilometer. 1908 stellten sie ihr Flugzeug bereits in England vor. Es dauerte nur noch wenige Jahre bis zum Ersten Weltkrieg, und die Flieger bekämpften sich in der Luft. Kaum hatte sich der Traum des Ikarus erfüllt, wurde auch schon eine Waffe daraus.

Kein wesentlicher Unterschied also zwischen unserer und der Mentalität der Eipo. Aber was liegt dieser Gemeinsamkeit zugrunde? »Wer lange zusah, hat erfahren: nur Waffen ändern sich, die Menschen nicht«, schreibt Rolf Hochhuth im *Sommer 14 – Ein Totentanz* im Prolog *Toteninsel*. Es sind wohl alte, affektiv besetzte Verhaltensdispositionen, die hier eine Rolle spielen. Sie werden zum Problem, je größer das Machtpotential ist, das uns die technische Zivilisation in die Hände gibt. Wir müssen uns zunächst einmal mit dem Gedanken vertraut machen, daß Individuen mit steinzeitlicher Emotionalität heute in politischen Führungspositionen das Geschick von Supermächten und damit unter Umständen das von Abermillionen Menschen bestimmen. Und nicht nur die Vernunft und das Engagement der Führenden für Staat und Gesellschaft spielen bei ihren Entscheidungen eine Rolle. Auch Verstimmungen, Ehrgeiz oder Liebesaffären haben politische Auswirkungen, und das sicher nicht immer zum Wohle der Allgemeinheit.

Unser *soziales* Verhalten ist in weit größerem Umfang durch stammesgeschichtliche Anpassungen mitbestimmt als unser Verhalten gegenüber der außerartlichen Umwelt. Angeboren sind uns zunächst die unserem sozialen Verhalten zugeordneten und unser konkretes Verhalten subjektiv entscheidend beeinflussenden Gefühlsregungen, also Liebe, Haß, Angst und Eifersucht. Angeboren ist uns ferner das Bedürfnis nach Abgrenzung in Gruppen, das Streben nach Dominanz und manch anderes mehr (siehe Kapitel »Vorprogrammierungen«).

All das, was als Disposition, Antrieb oder konkrete Verhaltensanweisung unser soziales Verhalten mitbestimmt, hat sich in jener Zeit entwickelt, in der unsere Vorfahren als altsteinzeitliche Jäger und Sammler in Kleingesellschaften lebten, in denen jeder jeden kannte. In jener Zeitspanne, die 98% unserer Geschichte ausmacht, bildeten sich alle Anpassungen, die unsere Auseinandersetzungen mit der außerartlichen Umwelt ebenso wie unser soziales Miteinander in gewisser Weise gegen allzu große Modifikabilität und damit auch gegen Irrtümer absichern. Viele Überlebensstrategien, die auch heute noch zu der uns angeborenen Aktions- und Reaktionsausstattung gehören, erfüllen ihre Angepaßtheit in der Gegenwart aber nur noch zum Teil, ja sie erweisen sich in manchen Situationen sogar als stammesgeschichtliche Belastung. Die explosive kulturelle Entwicklung änderte die sozialen und ökologischen Umweltbedingungen. Wir schufen uns eine Umwelt, auf die wir biologisch weniger gut vorbereitet sind und in der bestimmte uns angeborene Verhaltensdispositionen zu Problemanlagen wurden.

Die Biologen wissen, daß die Phänomene des Lebens und insbesondere die des menschlichen Verhaltens durch ein komplexes Zusammenwirken von Ursachen zustande kommen. Im Alltag lassen sich aber zunächst Hauptursachen feststellen, und diese schnell zu erkennen, darauf wurden wir selektiert – denn wie viele Ursachen auch immer zusammenkommen müssen, damit ein Stein geworfen wurde, überlebenswichtig ist, daß ich rechtzeitig erkenne, daß da jemand einen Stein geworfen hat. Diese Selektion auf die Wahrnehmung einer Ursache verbaut uns sehr oft die Einsicht in die Komplexität der Phänomene. Das *monokausale* Denken ist unter anderem eines der Handikaps, das auf unserer stammesgeschichtlichen Vorprogrammierung beruht. Andere Handikaps betreffen unser Sozialverhalten, das in weit umfangreicherem und auch bedeutenderem Ausmaß durch angeborene Verhaltensdispositionen kontrolliert wird als bisher allgemein angenommen. Dasselbe gilt für unsere Gefühlsregungen, für unsere Programmierung auf den Wettlauf im Jetzt und für unser ausgeprägtes Machtstreben: Alle erweisen sich in ihrer unbewußten Dynamik heute als höchst gefährlich. Ihre Auswirkungen sind vielfältig, im politischen wie im wirtschaftlichen Bereich, in den zwischenmenschlichen Beziehungen ebenso wie in unserem Verhalten zur Umwelt. Insbesondere das Kurzzeitdenken und das Machtstreben werden in einer fatalen Allianz leicht zu einer unsere Zukunft gefährdenden Falle. Es ist in dem vorliegenden Buch mein Anliegen, diese Problemanlagen zu erörtern und einige Vorschläge zur Problemlösung in Form von Thesen zu machen.

Zunächst scheint es mir wichtig, auf die verschiedenen Anlagen einzugehen, denen wir unseren erstaunlichen, wenn auch leider oft blutig errungenen Erfolg verdanken. Das gilt in erster Linie für jene Eigenschaften, die uns zum Kulturwesen von Natur machen und denen wir vor allem unsere intellektuelle und technische Souveränität über die Natur verdanken und die uns schließlich befähigen, daß wir uns Ziele setzen. Danach werde ich unsere sozialen Anlagen vorstellen, den Werdegang der Großgesellschaft diskutieren und auf Grenzen der menschlichen Belastbarkeit hinweisen, die, wie die Geschichte der Revolutionen lehrt (Lasky 1976), von Utopisten häufig übersehen werden.

Die beiden Säulen menschlicher Sozialität sind das Dominanzstreben und die auf Empathie und Fürsorglichkeit begründete Prosozialität. Letztere, der individualisierten Brutfürsorge entstammend, nutzen wir kulturell, um über Indoktrination und Symbolidentifikation Großgesellschaften zu Solidargemeinschaften zu binden, die als Stämme, Ethnien und Nationen auftreten.

Wir werden in diesem Zusammenhang noch einmal das ethnische Phänomen und in Verbindung damit das heutige Migrations- und Flüchtlingsproblem diskutieren, das aus der in einigen Gebieten der Erde rasanten Bevölkerungsvermehrung resultiert. Auch bei diesem brisanten Thema behindert das Kurzzeitdenken, das sich hier mit einem oft wenig reflektierten Bedürfnis, anderen zu helfen, und mit kurzfristigen wirtschaftlichen und parteipolitischen Interessen verbindet, eine vernünftige, den inneren Frieden sichernde Handhabung des Problems (zu dem ich übrigens bereits 1988 und 1994 kritisch Stellung genommen habe). Zuletzt werde ich die wichtigsten Aussagen und Vorschläge für die Umsetzung eines generationenübergreifenden Überlebensethos in Thesen zur Diskussion stellen (S. 179ff.).

Wer sind wir?

1897 malte Gauguin auf Tahiti eines seiner großartigsten Gemälde. In der üppigen tropischen Landschaft sieht man Menschen verschiedenen Alters bei den verschiedensten Tätigkeiten. Ein Kind ißt einen Apfel, eine Alte sitzt und stützt ihr Gesicht auf ihre Hände, ein junges Mädchen ruht neben ihr, den Blick versonnen in die Ferne gerichtet. Rechts im Bild eine Gruppe von drei Frauen mit einem Säugling – ein Bild voll verhaltener Lebendigkeit, das zur Besinnlichkeit einlädt. Ein Bild auch, auf dem der Blick des Betrachters forschend wandern kann. In der linken oberen Ecke stehen die Fragen: »Woher kommen wir? Wer sind wir? Wohin gehen wir?« – *D'où venons-nous? Qui sommes-nous? Où allons-nous?*

In diesem malerischen Vermächtnis Gauguins werden die Grundfragen menschlichen Daseins angesprochen, die uns bewegen, wohl seit wir denken können.

Zu diesen drei Fragen kann die Biologie als Lehre vom Leben grundlegende Erkenntnisse vermitteln. Wir wissen heute um unser stammesgeschichtliches Gewordensein. Wir wissen, daß jeder auf der Erde lebende Organismus, gleich ob Einzeller oder Vielzeller, durch eine ununterbrochene Ahnenkette mit Vorfahren verbunden ist, die bereits vor etwa 2,5 Miliarden Jahren auf dieser Erde lebten. Wir wissen um die formenden Kräfte der Evolution, um Mutation, Selektion und die Mechanismen der Weitergabe genetisch kodierter Information. Mit dem Wissen um das stammesgeschichtliche Gewordensein haben die Biologen auch ein

Denken über längere Zeiträume in die Wissenschaften vom Menschen eingeführt; sie fragen nicht mehr nur nach dem Gestern, Heute und Morgen, sondern auch nach dem Übermorgen. Das heißt, sie denken in weiteren Zeiträumen voraus und erwägen auch die Chancen für unser weiteres Überleben in hundert, ja in tausend Jahren. Sie schätzen diese im allgemeinen durchaus positiv ein. Das mag angesichts der gegenwärtigen Krisen und der allgemeinen Orientierungslosigkeit manchem allzu optimistisch erscheinen, aber die Biologen meinen ja nicht, daß es mit Gewißheit ohne weitere Unfälle und Katastrophen abgeht. Dennoch geben sie uns gute Chancen, solche Katastrophen wenn schon nicht ganz, so doch dem Ausmaß nach begrenzen zu können. Das will ich im folgenden begründen.

Wenden wir uns dazu der zweiten Frage Gauguins zu: »Wer sind wir?« Sicher, wie gesagt, Wesen mit einer langen Stammesgeschichte und, zoologisch definiert, Wirbeltiere, Säugetiere und schließlich Primaten. Desmond Morris (1968) charakterisierte uns dann weiter als »nackte Affen«; er wollte schockieren und das allgemeine Bewußtsein auf die Tatsache unseres Primatenerbes richten. Aber die Vertierung des Menschen, die fast klischeeartig immer wieder in Buchtiteln vorgenommen wird, suggeriert ein falsches Menschenbild, das über den einseitigen Hinweis auf unser Tiererbe das spezifisch Menschliche fast als nebensächlich abwertet. Ich nehme daher Anstoß an popularisierenden Darstellungen über tierisches und menschliches Verhalten, in denen ein wutverzerrtes Affengesicht neben einem wutverzerrten Menschengesicht den Buchumschlag schmückt. Nicht, daß es da nichts Vergleichbares gäbe, doch schon ein altes chinesisches Sprichwort, das Konrad Lorenz oft zitierte, lautet sinngemäß: »Es ist zwar alles Tier im Menschen, aber keineswegs aller Mensch im Tier.«

Um das spezifisch Menschliche immer wieder zu betonen, habe ich verschiedenen Kapiteln meiner *Humanethologie* Mottos vorangesetzt, die das ansprechen, so vor das erste

Kapitel die Worte Goethes: »Das Tier wird durch seine Organe belehrt, der Mensch belehrt die seinigen und beherrscht sie« und die von Arnold Gehlen: »Ob sich der Mensch als Sohn Gottes versteht, oder als arrivierten Affen, wird einen deutlichen Unterschied in seinem Verhalten zu wirklichen Tatsachen ausmachen, man wird in beiden Fällen auch in sich sehr verschiedene Befehle hören.« Über das Kapitel, das sich mit dem Sexualverhalten beschäftigt, stellte ich als Motto ein Liebesgedicht von den Trobriandern und ein Gedicht von Storm. Das *Scientific American* schmückte einen Artikel zum gleichen Thema dagegen vor nicht allzulanger Zeit mit einem flirtativ lächelnden Paar, denen man jeweils einen Gorillakopf wie eine Perücke übergestülpt hatte. Derartiges vermittelt einen falschen Eindruck, und es erschwert das Gespräch mit den Kulturwissenschaftlern, das ich suche und pflege und dessen alle bedürfen, die sich mit Gegenwartsfragen befassen.

Es gibt heute so etwas wie ein popularistisches Bemühen, am »Lack« des Menschen zu kratzen, das ich für absolut unnötig halte, da es der Erkenntnis nicht förderlich ist, denn auch dieser Lack ist ein Stück Evolution. In seinem neuen Buch *Illusion Fortschritt* bemüht sich Stephen Jay Gould aufzuzeigen, daß der Mensch, statistisch gesehen, nichts anderes sei als einer der Wurmfortsätze des Variationsspektrums der Arten im vielgestaltigen Reich der Bakterien und Einzeller, die die eigentlichen Herrscher dieses Planeten seien. In seiner Besprechung des Buches (in der *Süddeutschen Zeitung* vom 7. Mai 1998) folgt Stephen Wackwitz zunächst der These von der Unbedeutendheit des Menschen, dem Wurmfortsatz in der das Leben repräsentierenden Mikrobenwelt: »Man entwickelt so etwas wie eine staunende Achtung angesichts des überlebenstüchtigen, gestaltenreich und zahllos wimmelnden Lebensdurchschnitts, als dessen entlegener Sonderfall und evolutionsgeschichtlicher Ausrutscher wir uns begreifen müssen.« Wackwitz schreibt dann weiter, daß Gould »mit leichter Hand, aber zugleich gründlich« demonstriere, »daß die Fortschrittsidee Darwins seinem Erklärungsprinzip der natürlichen Zuchtwahl erst nachträglich und mit so etwas wie schlechtem wissenschaftlichem Gewissen aufmontiert wurde«.

In Goulds Aussagen werden, wie ich meine, verschiedene Bewertungsmaßstäbe und Beobachtungen durcheinandergebracht. Die Bakterien mit den unzähligen anderen einzelligen Organismen bilden in der Tat, was Organismenzahl und Biomasse angeht, ein kaum abzuschätzendes Vielfaches der Menschenzahl und der Biomasse Mensch. Sieht man nur die Masse und bewertet man danach den Erfolg, dann spielen wir in der Tat neben den Bakterien nur eine untergeordnete Rolle. Diese Gewichtung nach »Masse als Erfolg« erfolgt jedoch nur aufgrund *eines* unserer menschlichen Ordnungsprinzipien. Wir bewerten auch – ebenfalls nach menschlichem Er-Messen – nach Differenziertheit. Ein *Archaebacterium* ist nun sicher bereits ein biochemisches Wunder, aber es ist doch an Differenziertheit nicht mit einem Menschen zu vergleichen, der in seiner Wahrnehmung viele Facetten der Wirklichkeit zu spiegeln vermag, und zwar so weitgehend einer außersubjektiven Wirklichkeit entsprechend, daß wir Sonden zu fernen Planeten senden können, die dort als unsere künstlichen Organe (Hass 1970) Aufgaben erledigen. Wir erleben und betrachten bewußt, über uns und die Welt nachsinnend. Die sich überstürzende Entwicklung birgt für uns sicher viele heute noch gar nicht erahnbare Risiken, aber ebenso unvorhersehbare Chancen. Bakterien sind zahlreich – meinetwegen: vorherrschend – und wie alles Lebendige höchst rätselhaft, aber im Hinblick auf ihre Differenziertheit dürfen sie sicher nicht als Gipfelpunkt des Evolutionsgeschehens gelten.

Es gereicht Stephan Wackwitz zur Ehre, daß er sich im Verlauf seiner Besprechung dann doch noch von der eher quantitativen Bewertung Goulds absetzt. Er schreibt: »Es mag ja sein, daß wir biologisch-statistisch gesehen nicht die Krone der Schöpfung sind. Offenbar ist dieser Planet wirklich das Herrschaftsgebiet der Bakterien. Bloß kommt man, je länger, verblüffter und empörter man Goulds spannendes Buch liest, immer weniger umhin zu fragen: gibt es denn wirklich nur den biologisch-statistischen Blickwinkel? Ist denn ein bißchen humaner Ethnozentrismus nicht die richtigere Perspektive – für uns?«

Ich kann Stephan Wackwitz beruhigen: Goulds Sicht ist nicht die biologische Sicht, sondern eine in Kollegenkreisen eher seltene Sehensweise. Die meisten Biologen unterscheiden verschiedene Differenzierungsstufen und werten diese entsprechend nach »höher« und »nieder«. Im Vergleich zu einem Bakterium ist eine Orchideenblüte schon etwas fast Anbetungswürdiges und ein Menschenkind, das die ersten Fragen stellt, ein kleines Wunder. Mit viereinhalb Jahren überraschte mich mein Sohn einmal mit der Frage: »Wie kommt es, daß ich mit meinen kleinen Augen eine so große Welt sehen kann?«

Der Mensch als Generalist und weltoffenes Neugierwesen

Im 18. Jahrhundert gab der schwedische Botaniker Carl von Linné uns Menschen den wissenschaftlichen Namen *Homo sapiens*, was eine gewisse Zuversicht ausdrückte. Es gibt mittlerweile eine Fülle von weiteren Benennungen, die auf charakteristische Facetten des Menschen Bezug nahmen. Arnold Gehlen (1940) sprach vom Menschen als dem »riskierten Wesen«, dem »Wesen auf des Messers Schneide«, dem »weltoffenen Neugierwesen« und schließlich auch vom »Mängelwesen«.

Letzteres bezieht sich auf unsere biologische Ausstattung, von der Herder meinte, sie würde uns nur unzureichend für den Lebenskampf rüsten. Das trifft aber nicht einmal für die körperliche Ausstattung zu; bereits in ihr erweist sich der Mensch den meisten Tieren, die auf der Erde leben, überlegen. Konrad Lorenz versuchte das an einem fingierten Wettkampf zu veranschaulichen. Er machte sich erbötig, aus irgendeinem Büro einen dreiundzwanzigjährigen Mann auszuwählen, keineswegs einen Sportler, sondern einen normalen, durchschnittlich gesunden Menschen. Seine Wettkampfgegner sollten sich aus dem Tierreich Vertreter beliebiger Arten auswählen können – im sportlichen Wettkampf würde keiner imstande sein, den Menschen zu besiegen. Die Forderungen lauteten: 100 Meter sprinten, mit Kopfsprung in einen See eintauchen, aus vier Metern Tiefe gezielt drei Gegenstände hochtauchen, eine Strecke von vielleicht 100 Metern ans andere Ufer schwimmen, an einem Seil fünf Meter hochklettern und anschließend zehn

Kilometer weit marschieren. Es gibt im Tierreich Spezialisten, die in den einzelnen Leistungen besser sind als wir: Eine Gazelle läuft schneller, ein Delphin schwimmt schneller, ein Affe klettert besser. Aber keine Tierart ist in allen diesen Bereichen so gut wie wir. Und trainiert jemand seine sportlichen Fähigkeiten, dann ist er sogar in all diesen Leistungen erstaunlich gut. Der Mensch ist, in der Sprache der Biologen, ein *Generalist*, fähig zu vielseitiger Anpassung. Auch seine Sinne weisen ihn als Generalisten aus.

Der Begriff »Mängelwesen« bezieht sich auf die Tatsache, daß der Mensch zum Überleben Kultur benötigt. Er muß sich bekleiden, er braucht Waffen, ein schützendes Heim, das Feuer. Ohne all dies wäre er sicher verloren. Aber die Kultur, definiert als der gesamte Schatz des über Vorbild und Lehre vermittelten Erfahrungswissens, gehört zur Menschennatur so wie das Netz zur Spinne und der Termitenbau zur Termite. Der körperliche Generalist ist ein Kulturwesen von Natur, er ist dazu mit einem hochentwikkelten Zentralnervensystem ausgerüstet, das Informationen speichern und intelligent verarbeiten kann und das vor allem über Strukturen verfügt, die es ihm erlaubten, Sprache zu erwerben und sich mit Hilfe dieser Wortsprache über Vergangenes, Zukünftiges und Abwesendes zu unterhalten. Der Begriff »Mängelwesen« ist also irreführend.

»Weltoffenes Neugierwesen« charakterisiert dagegen eine wichtige Facette unseres Wesens. Die Menschen zeichnet in der Tat eine gewisse Offenheit aus. Wir sind bereit zu lernen, ja Neugier ist einer unserer hervorragenden Wesenszüge. Uns kennzeichnet der Drang, aktiv neue Situationen aufzusuchen, um neue Fertigkeiten zu erproben.

In einem seiner Fernsehfilme hat Hans Hass diese Neugier anschaulich vermittelt. Er versetzte sich dazu in die Rolle eines Beobachters von einem anderen Stern und sieht zum Beispiel aus größerer Distanz in Zeitrafferaufnahmen, wie die Besucher der Akropolis in Athen ameisenhaft die Treppen hinauf- und hinabwimmeln. Der Besucher von einem anderen Stern fragt sich: »Was tun diese Wesen hier? Suchen sie Nahrung?« Und er muß feststellen: Offensichtlich nicht. »Handelt es sich um Paarungsplätze, an denen sich die Geschlechter zusammenfinden?« Mag sein, daß der eine oder die andere bei dieser Gelegenheit eine Beziehung anbandelt. Aber der Beobachter wird feststellen, daß auch dies nicht der Hauptzweck ist, zu dem sich so viele verschiedene Menschen an einem Ort zusammenfinden. Nein, sie kommen, weil sie neugierig sind und sich die Akropolis anschauen wollen.

Eine weitere Einstellung zeigt, ebenfalls im Zeitraffer, das Treiben an einem Skihang. In rastloser Folge werden Menschen hinauftransportiert, und ebenso rastlos fahren sie in Serpentinen wieder den Hang hinab. Abermals fragt der Beobachter vom anderen Stern: »Was suchen die hier?« Beobachtet er lange genug, dann wird er entdecken, daß die Menschen diese Aktivitäten um ihrer selbst willen ausüben. Bei weiteren Studien wird er darauf kommen, daß die Menschen einen starken Drang verspüren, neue Situationen zu erkunden, neue Informationen aufzunehmen und im Dialog mit ihrer Umwelt neue Fertigkeiten zu erwerben und ihre Leistungsgrenzen auszuloten. Der Mensch ist von Neugier geradezu besessen. Er wartet nicht darauf, daß ihm Informationen zugeführt werden, sondern sucht von sich aus neue Situationen auf, um daraus zu lernen. Das tun zwar auch höhere Säuger im Spiel, aber die Neugierphase beschränkt sich dort meist auf eine kurze Jugendzeit. Beim Menschen bleibt diese jugendliche Eigenschaft bis ins hohe Alter erhalten.

Wieder eine andere Zeitrafferaufnahme zeigt eine alte Frau am Strand, die mit den Wellen spielt. Barfuß, den Rock mit beiden Händen leicht geschürzt, steht sie am Spülsaum des Meeres. Immer wenn die Wellen zurückweichen, geht sie ein bis zwei Schritte vor und dann, wenn die Wellen heranlappen, wieder zurück. In der Zeitraffung sieht das wie ein Tanz aus. Selten hat mich eine Aufnahme so berührt wie diese Szene der verspielten Alten. Neugier ist ein persistierendes Jugendmerkmal. Sie erhält uns jung, wenn wir der Welt zugewandt bleiben. Sie ist ferner sicher ein – wenn auch nicht der alleinige – Antrieb zur Forschung. Das Streben nach Erkenntnis kann auch aus dem Wunsch, das Leben der Menschen zu verbessern oder Macht zu gewinnen, motiviert sein. Aber Neugier ist wohl meist mit dabei.

Wir Menschen sind aktiv Lernende; wir sind offen, Informationen aufzunehmen, wenn wir nicht aus ideologischen Gründen diese spezifisch menschliche Bereitschaft unterdrücken. Das geschieht tatsächlich bisweilen – wie ja der Mensch überhaupt dazu neigt, die Wirklichkeit auszublenden, wenn sie ihm ideologisch nicht in den Kram paßt.

Werkzeugkultur und sachliches Denken

Bereits höhere Affen lernen und geben Erfahrungen und Erfindungen weiter, indem sie als soziales Modell anderen und insbesondere ihren Jungen bestimmte Fertigkeiten vorführen. So lernten Rotgesichtsmakaken, die man auf einer japanischen Insel mit Süßkartoffeln fütterte, diese in Salzwasser zu waschen – ein Weibchen kam darauf, andere Tiere ahmten das Kartoffelwaschen nach, und seit dieser Zeit hält sich die Erfindung als lokale Tradition. Auch die uns nächstverwandten Schimpansen entwickeln lokale Traditionen. In einem Gebiet verstehen sie es zum Beispiel, Palmnüsse mit Steinen aufzuknacken, in anderen Gebieten sind sie noch nicht darauf gekommen. Entscheidend ist allerdings, daß ein Affe es von einem anderen immer *absehen* muß, wie man so etwas macht. Der Mensch kann seinem Kind dagegen sagen: »Wenn du Nüsse aufknackst, nimm ein Stück Holz oder einen Stein als Unterlage und schlag mit einem anderen Stein auf die Nuß – nicht zu fest – und paß auch auf, daß du dir nicht auf deine Finger schlägst. Morgen werden wir das üben.« Der Mensch kann so objektunabhängig tradieren – durch die Aufrichtung wurden seine Hände frei zum Werkzeuggebrauch und zur Werkzeugherstellung.

Wir sprechen im Alltag von *Natur* und stellen ihr als *Kultur* all das gegenüber, was der Mensch schafft: die Werkzeuge des Überlebens, wie Bekleidung, Waffen und Hausgeräte, ebenso wie die Städte, Fabriken und Universitäten, aber auch etwa Musikinstrumente oder Bücher.

Werkzeuge sind künstlich hergestellte Organe. Sie haben

den Vorteil, daß sie nicht mit unserem Körper verwachsen sind. Nimmt jemand eine Schaufel, dann wird er vorübergehend zum Spezialisten für Graben, aber anders als der Maulwurf, der das zeitlebens bleibt, weil er mit seinen Grabschaufeln verwachsen ist, kann der Mensch seine Schaufel ablegen und kurz danach ein Ruder ergreifen oder sich in ein Motorboot setzen und zum Spezialisten für Fortbewegung im Wasser werden. Setzt er sich in ein Flugzeug, dann wird er zum Flieger. Hans Hass hat in mehreren Büchern auf die Bedeutung dieser künstlichen Organe, zu denen auch die vom Menschen geschaffenen Organisationen gehören, hingewiesen, und er bemerkt treffend, daß der Mensch dadurch zum Spezialisten für vielseitige Spezialisierung wird (Hass 1970, 1994).

Werkzeuggebrauch und Werkzeugherstellung zogen darüber hinaus geistige Entwicklungen nach sich, die der Freiheit des menschlichen Denkens zugrunde liegen und die uns eine objektive Betrachtung der Welt – relativ entlastet von den Fesseln der Emotionalität – gestatten. Diese Entwicklung vollzog sich bei den Säugetieren in zwei Schritten. Im Spiel der jungen Säuger beobachten wir zum erstenmal, daß Tiere ihr Handeln von den im Ernstfall triebmotivierte Verhaltensabläufe begleitenden Affekten abkoppeln können (Eibl-Eibesfeldt 1950, 1987). Befreit vom Triebdruck, schaffen sie sich so ein entspanntes Feld, in dem sie sich dialogisch mit ihrer Umwelt auseinandersetzen können, mit Artgenossen und Umweltobjekten experimentieren und das eigene Bewegungskönnen erproben und perfektionieren können. Sie können ferner »neugierig« Informationen aufnehmen.

Diese Fähigkeit fiel mir auf, als ich als Student auf der Biologischen Forschungsstation Wilhelminenberg bei Wien einen kleinen Dachs aufzog, der, als er abgestillt war, mein Spielgefährte wurde. Er lebte frei unter meiner Baracke am Rande des Wienerwalds. Am späteren Nachmittag besuchte er mich, und wir spielten eine Weile auf einer abfallenden

Wiese in der Nähe meiner Baracke. Der Dachs forderte mich dann gerne zu Kampfspielen auf. Mit übertrieben hohen Galoppsprüngen – alle Haare gesträubt – kam er angerannt, um kurz vor mir abrupt auf steifen Beinen abzubremsen. Er schüttelte seinen Kopf und hüpfte seitlich vor mir hin und her, dann machte er plötzlich kehrt und lief eilig wie auf der Flucht davon. In 10 oder 15 Metern Entfernung hielt er, drehte sich um und wiederholte das Hüpfen und Kopfschütteln. Ging ich darauf ein, indem ich auf ihn zulief, dann entwickelte sich ein Verfolgespiel, bei dem wir öfter die Rollen des Verfolgers und Verfolgten tauschten, und es gab auch eingeschaltete kleine Balgereien, bei denen der Dachs mich packte und schüttelte. Er zeigte dabei deutliche Beißhemmung, die aber auf Dachsschwarte abgestimmt war, so daß die spitzen Zähne des öfteren auf meinen Armen und Beinen Kratzer und blutunterlaufene Stellen hinterließen. Daß er nicht ernsthaft zubiß, war aber offensichtlich.

Die Tatsache, daß der Dachs im Spiel Verhaltensweisen des Kämpfens und Flüchtens beliebig wechselte, fiel mir auf. Im Ernstfall kämpft ein Tier, bis es siegt oder verliert. Verliert es, dann flüchtet es und bleibt dabei, bis es sein Fluchtziel erreicht hat. Offenbar werden im Spiel die Verhaltensweisen des Kämpfens und Flüchtens unabhängig von den ihnen normalerweise vorangesetzten zentralnervösen Instanzen aktiviert und stehen damit dem Tier für sein spielerisches Experimentieren zur Verfügung. Arnold Gehlen, dem ich meine Dachsarbeit 1950 schickte, meinte zu diesen Beobachtungen, sie hätten ihn besonders interessiert, da er die Fähigkeit, Handlungen von den Antrieben abzulösen, bisher als typisch menschliche Eigenschaft betrachtet habe. Im tierischen Spiel könne man allerdings wirklich die Vorläufer zu dieser beim Menschen in besonderer Weise entwickelten Fähigkeit sehen.

Die Unterschiede zwischen Spiel und Ernst waren bei meinem Dachs dramatisch. Er konnte auch ärgerlich werden, zum Beispiel wenn man ihm das Futter wegnehmen wollte. Dann brummelte er und biß zu, und zwar fest. Außerdem gab es gleitende Übergänge von Spiel zu Ernst, oft mischte sich echte Kampfappetenz ins Spiel. Auch lehrt das Spiel verschiedener Säuger, daß es artspezifisch vorgegebenen Verhaltensdispositionen folgt. Fluchttiere wie Eichhörnchen praktizieren Fluchtspiele. Wenn zwei an einem Baumstamm miteinander spielen, dann versucht jedes, den Baumstamm zwischen sich und den anderen zu bringen, so wie sie in Deckung um den Stamm laufen, wenn ein Raubvogel auftaucht. Schnell huschen sie voreinander um den Baumstamm herum, immer wieder die Richtung wechselnd, und keines ist dabei Verfolger. Jedes Eichhörnchen flüchtet gewissermaßen spielerisch vor dem anderen, es kommt nicht auf das Einholen an (Eibl-Eibesfeldt 1951). Ganz anders bei jagenden Raubtieren wie Mardern, die im Spiel auch das Einholen und Fangen von Beute praktizieren. Zicklein verteidigen im Spiel gerne einen Platz. Dazu suchen sie sich oft einen Felsblock oder einen hohen Baumstrunk, auf dem sie sich aufstellen, um von oben herab nach andrängenden Spielpartnern zu stoßen. Alles natürlich im Spiel ohne den im Ernstfall diese Verhaltensweisen begleitenden Affekt. Allerdings gibt es, wie gesagt, auch gleitende Übergänge vom Spiel zum Ernst, und was bei einem zahmen Kaninchen als spielerische Flucht beginnt, kann durchaus in ernstgemeinter Flucht enden, ebenso wie Spielkämpfe von Raubtieren gelegentlich eskalieren können. Sie werden dann allerdings meist über aggressionshemmende Signale wie Notrufe beendet.

Für die Spiele des Menschen gelten die gleichen Regeln wie für das Spiel der Tiere. Angst und Wut, die als Ernstaffekte eine kämpferische Auseinandersetzung begleiten, werden im Spiel nicht oder nur in geringem Ausmaß aktiviert. Subjektiv erleben Kinder Spielfreude, Neugier und starke freundschaftliche Regungen. Es gibt allerdings auch Kampfspiele, bei denen Spiel und Ernst zusammenfließen. Fußballspiele ließen sich als ritualisierte Gruppenkämpfe einordnen, die als Ventilsitten kollektiver Aggressionsabfuhr dienen. Sieg und Niederlage werden dabei auch von den Zuschauern miterlebt, einschließlich der physiologischen Begleiterscheinungen wie der Testosteronausschüttung (S. 71) bei Sieg des eigenen Klubs oder Landes.

Bei den Menschen ist nun die Fähigkeit, sich ohne Zorn und Eifer mit Problemen auseinanderzusetzen, in ganz besonderer Weise entwickelt. Wir sprechen von nüchterner Sachlichkeit, mit der wir Probleme erörtern, von der Objektivität einer Betrachtungsweise. Die Wortwahl weist auf den Zusammenhang, der die Entwicklung dieser Fähigkeit in spezieller Weise förderte. Die weiteren Anstöße kamen von der Entwicklung des Werkzeuggebrauchs und der Werkzeugkultur. Der Einsatz von Werkzeugen und die Manipulation von Objekten erfordern eine ausgeprägte Feinmotorik, deren willkürlicher Einsatz gelernt werden muß, was Geduld erfordert.

In den frühen achtziger Jahren war es mir vergönnt, mit Jane Goodall im Gombe-Schimpansenreservat Tanzanias zusammenzuarbeiten. Unter anderem filmte ich das von Goodall (1973, 1986) beschriebene Termitenfischen. Die Schimpansen führen dazu Sonden aus Halmen und dünnen Zweigen in die zuvor geöffneten Gänge von Termitenbauten ein. Die Termiten beißen sich an diesen Sonden fest und werden daran aus dem Bau herausgezogen (Abb. 1 a–c). Im gleichen Gebiet benutzen Schimpansen Blätter wie einen Schwamm, um aus Baumlöchern Wasser aufzutunken, das sie mit den Lippen nicht erreichen können, und sie verwenden solche Blätter auch, um sich zu säubern. Zwischen verschiedenen Schimpansenpopulationen dürfte es kulturelle Unterschiede geben. Die Schimpansen der Elfenbeinküste knacken Palmnüsse mit Hilfe von Steinen auf (Struhsacker und Hunkeler 1971, Boesch und Boesch 1981), was die Schimpansen des Gombe-Gebietes noch nicht entdeckt haben – sie beißen die Nüsse noch auf.

Von all den verschiedenen Formen des Werkzeugge-

Abb. 1 Eine Schimpansin fischt mit einer Sonde nach Termiten: a) Die Sonde ist bereits in den Gang eingeführt. Die Schimpansin stochert und kontrolliert beim Herausziehen der Sonde aufmerksam den Erfolg ihres Tuns. Der linke Fuß (angehoben, rechter Bildrand, Mitte) hält eine Reservesonde.

b) Einführen der Sonde.

c) Herausziehen der Sonde mit untergelegtem Arm.

Fotos: I. Eibl-Eibesfeldt (aus einem 16-mm-Film, veröffentlicht unter Nr. E 3012 des Instituts für den Wissenschaftlichen Film, Göttingen).

brauchs bei Primaten ist das Termitenfischen wohl am bemerkenswertesten, weil der Vorgang Geduld und besonderes Geschick erfordert und weil die Schimpansen ihre Werkzeuge dazu selbst herstellen. Sie brechen ein Ästchen ab, entfernen die Seitenzweige oder nehmen einen Grashalm, den sie auf die richtige Länge kürzen, und produzieren so eine Sonde, die sie zwischen Daumen und Zeigefinger festhalten; allerdings nicht mit unserem Präzisionsgriff, bei dem der Daumen gegen den Zeigefinger opponiert wird, so daß die Endglieder von Daumen und Zeigefinger einander gegenüberstehen. Der Daumen drückt vielmehr seitlich gegen den Zeigefinger und hält so die Sonde fest. Nach kurzem, vorsichtigem Stochern wird die Sonde herausgezogen, und haben sich die großen Termitenkrieger an ihr festgebissen, dann werden sie mit den Lippen, manchmal auch mit der Hand, gepflückt und verzehrt. Beim Fischen im Termitenbau halten die Schimpansen oft die andere Hand in Auffangstellung unter die Sonde. Fallen Termiten von der Sonde herab, dann verfangen sie sich meist im Fell des Unterarms und können von dort mit den Lippen aufgenommen werden. Termiten, die auf den Boden fallen, werden oft aufgenommen, indem der Unterarm mit einer leichten Drehbewegung über den Untergrund gerollt wird, so daß die dort liegende Termite sich im Fell verfängt und mit den Lippen aufgenommen werden kann. Nach McGrew und Marchant (1992) zeigen Schimpansen beim Termitenfischen eine deutliche individuelle Präferenz für eine Hand. Dabei ist ein schwacher Trend für Linkshändigkeit nachzuweisen.

Bevor Jungtiere selbst Termiten fischen, beobachten sie ihre Mütter sehr aufmerksam bei dieser Tätigkeit. Im Alter von sieben bis acht Monaten beginnen sie, Termiten vom Fell der Mutter aufzuklauben. Jungtiere spielen ferner mit Gräsern und Stöcken, die sie gerne stochernd in Hohlräume einführen. Hier scheint eine angeborene Disposition zum Werkzeuggebrauch vorzuliegen, aber die konkrete Anwendung des Stocherns als Termitenfischen wird wohl gelernt. In einem von uns veröffentlichten Film (Eibl-Eibesfeldt und Goodall 1992) sehen wir, wie die zweijährige Darbi zum erstenmal nach Termiten fischt. Als sie endlich Erfolg hat, reicht sie die erste Termite der Mutter, so als würde sie anfragen: »Ist das eßbar?« Die Mutter pflückt die Termite von der ihr vorgehaltenen Sonde, worauf Darbi mit großem Eifer weiterfischt und die nächste Termite mit reichlichem Grimassieren selbst verzehrt.

Darbi war beim Termitenfischen zunächst nicht sehr erfolgreich. Sie verwendete Grashalme, die sich oft bogen, und sie wechselte wiederholt das Werkzeug und biß es auch in der Länge zurecht. Ihre Geduld war höchst bemerkenswert, sie fiel mir auch bei den anderen Schimpansen auf und steht in scharfem Kontrast zu der leichten aggressiven Erregbarkeit, die die Schimpansen bei vielen anderen Gelegenheiten zeigen. Frustrationen der verschiedensten Art führen zu gesteigerter Aggressivität, ja oft zu richtigen Wutanfällen. Beim Termitenfischen und bei der sozialen Fellpflege gehen die Schimpansen jedoch mit großer Ruhe und einer geradezu überraschenden Geduld zu Werke, auch wenn ihre Bemühungen anfangs keinen Erfolg zeitigen.

Ich vermute, daß im Zusammenhang mit dem Werkzeuggebrauch die bereits im Spiel angebahnte Fähigkeit, agonistische Emotionen vom Verhalten abzukoppeln, weiter entwickelt wurde. Die Auseinandersetzung mit Objekten und der Einsatz von Werkzeugen erfordern Ruhe, und die Worte »Sachlichkeit« und »Objektivität« bezeichnen für uns Menschen diese Interessenlage sehr treffend.

Beim Menschen ist es wirklich »Interesse«, welches das Explorierverhalten motiviert. Und wenn ein Kind seine Umwelt mit einem Stöckchen erkundet, dann sollte keine andere Motivation störend dazwischentreten. Führt vergebliches Bemühen dennoch gelegentlich zu einem Ausbruch von Ärger, dann blockiert dies vorübergehend die Aufgabenlösung. Wolfgang Koehler (1921) lieferte dazu eine wichtige Schlüsselbeobachtung. Als er dem Schimpansen Sultan zum erstenmal die Aufgabe stellte, mit Hilfe von zwei ineinandersteckbaren, aber einzeln viel zu kurzen Stöcken eine außerhalb des Käfigs liegende Banane herbeizuangeln, da bemühte sich Sultan zunächst vergeblich mit dem einen Stock, dann mit dem anderen. Nach wiederholten fruchtlosen Versuchen bekam er einen »Wutanfall«, schmiß die Stöcke hin und drehte der Banane den Rücken zu. Als nach einer Weile seine Erregung abgeklungen war, begann er jedoch wieder, sich spielerisch mit den Stöcken zu beschäftigen und steckte sie schließlich ineinander. Kaum war dies geschehen, wandte er sich erneut der Banane zu und angelte sie mit dem nunmehr verlängerten Stock herbei.

Beim Menschen ist die Fähigkeit zur sachlichen Auseinandersetzung mit seiner Umwelt sicher am weitesten entwickelt. Mit der Ausdifferenzierung der Werkzeugkultur bildete sich die Händigkeit aus, vermutlich weil es vorteilhaft ist, wenn die meisten Mitglieder einer Gruppe die Werkzeuge benützen können. Außerdem ist es bei rituellen Interaktionen wie Zweikämpfen sicher vorteilhaft, wenn die Gegner in voraussagbarer Weise aufeinander abgestimmt handeln können. Das gilt auch für freundliche Interaktionen wie zum Beispiel Händegeben beim Gruß.

Mit der *Rechts*händigkeit entwickelte sich die unterschiedliche Spezialisierung der beiden Hirnhemisphären des Menschen, was die Fähigkeit, Emotionen abzukoppeln, verbesserte – zumindest soweit es den Umgang mit der außerartlichen Umwelt betrifft. Die prädominante Rechtshändigkeit beschränkt sich in erster Linie auf den manipulatorischen Umgang mit Werkzeugen. In anderen Bereichen ist der Mensch durchaus zweihändig (Marchant, McGrew und Eibl-Eibesfeldt 1995). Interessant ist schließlich in diesem Zusammenhang, daß in der linken, rationalen Hirnhälfte auch jene zentralnervösen Spezialisierungen liegen, dank deren wir über die Sprachmotorik verfügen. Das Sprechen ist sicher auf einer höheren Ebene ein willentlicher

Abb. 2 Der Werkzeug gebrauchende Spechtfink der Galápagos-Inseln. Er ist im Begriff, den Kaktusstachel zum Stochern in den Bohrgang einer Insektenlarve einzuführen. – Foto: I. Eibl-Eibesfeldt.

Akt, auch wenn der Ablauf der Motorik durch Training weitgehend automatisiert ist.

Ich habe davon gesprochen, daß Spiel- und Werkzeuggebrauch in erster Linie bei höheren Säugetieren zu beobachten ist. Diese Aussage möchte ich noch ergänzen: Es gibt auch einen Vogel, der spielt. Und er gebraucht sogar Werkzeuge. Es handelt sich um den Spechtfinken (*Cactospiza pallida*), der auf den Galápagos-Inseln die ökologische Nische eines Kleinspechts besetzt. Er reißt die Rinde von den Zweigen und öffnet die Bohrgänge von Insektenlarven. Es fehlt ihm aber die lange Spechtzunge, mit der unsere Kleinspechte die Insektenlarven aus den Gängen holen. Der Spechtfink löst sein Problem, indem er sich für diesen Zweck einen Kaktusstachel oder ein Zweiglein pflückt, das er als Sonde längs in den Bohrgang des Insekts einführt (Abb. 2). Mit hebelnden Bewegungen fördert er seine

Beute zutage. Er bearbeitet auch sein Werkzeug, wenn es notwendig ist, kürzt es auf die richtige Länge, bricht Seitenästchen ab und entwickelt dabei großes manipulatorisches Geschick (Eibl-Eibesfeldt 1965, Eibl-Eibesfeldt und Sielmann 1962). Ein junges Männchen, das ich hielt, beherrschte diese Technik noch nicht. Es stocherte zwar mit Hölzchen, die es fand, aber immer nur spielerisch und nie, um ein Insekt herauszuholen. Bot ich ihm ein Insekt in der Ritze eines Stammes an, dann ließ es sein Werkzeug sofort fallen und versuchte, die Beute mit dem Schnabel zu greifen. Erst nach und nach kam es darauf, dazu auch das Werkzeug zu benutzen. In diesem Zusammenhang ist bemerkenswert, daß Spechtfinken richtig spielen. Sowohl ein einzelnes Männchen wie auch später ein Pärchen versteckten nach Sättigung die ihnen angebotenen Mehlwürmer in Ritzen oder Spalten und stocherten sie dann wieder hervor, nur um sie sogleich wieder zu verstecken.

Im Spiel der höheren Säuger werden Fluchtmotivation und aggressive Motivation von den ihnen normalerweise zugeordneten Bewegungsabläufen abgekoppelt, so daß das Tier – in diesem Bereich entlastet – frei über sein Bewegungsrepertoire verfügen und mit ihm spielerisch experimentieren kann. Mit der Entwicklung des Werkzeuggebrauchs wurde diese Fähigkeit, sich »sachlich« mit der Umwelt auseinanderzusetzen, weiter perfektioniert. Im Zuge der zunehmenden Spezialisierung auf Rechtshändigkeit und der damit verbundenen Lateralisation der beiden Großhirnhemisphären kam es zu einer weiteren Trennung der emotionellen und rationalen Bereiche, die es dem Menschen erlaubt, auch seine sozialen Probleme distanziert, gewissermaßen »objektiv«, zu betrachten. Wir haben damit eine Freiheit gewonnen, die die Voraussetzung für eine rationale Lösung auch unserer sozialen Probleme ist. Durch diese Freiheit wird es uns möglich, uns wenigstens vorübergehend auch von den Fesseln instinktiv-emotioneller und ideologischer Gebundenheit zu lösen und mit anderen

Menschen über die durch Ideologie gesetzten Barrieren hinweg zu kommunizieren. Allerdings handelt es sich um eine Freiheit, die des Trainings bedarf.

Eine derartige *geistige* Freiheit sollte nicht mit der *sozialen* Freiheit von Dominanz verwechselt werden. Wenn Menschen nach »Freiheit« rufen, dann meinen sie im allgemeinen, daß sie die Freiheit wünschen, ihr Leben selbst – frei von Dominanz durch andere – zu gestalten, daß sie frei ihre Meinung in Wort und Schrift äußern können und ihr Leben frei gestalten können. Diese Art sozialer Freiheit wird von der Gemeinschaft gewährt oder vorenthalten; sie kann auch in politischen Kämpfen errungen werden. Die Freiheit der Rede bedeutet aber noch nicht, daß der Redner freie Gedanken äußert. Es steht ihm genauso frei, ein dogmatisches Bekenntnis abzulegen.

Wie frei sind wir in unseren Entscheidungen?

Moralisch handeln heißt in des Wortes ursprünglicher Bedeutung: der Sitte gemäß handeln. Sittlichkeit gründet sich bei uns Menschen auf Regeln, die jeder einzelne von uns in Übereinstimmung mit anderen befolgt oder zumindest befolgen sollte, um zum Beispiel ein harmonisches Miteinander-Leben zu garantieren. In den neuronalen Netzwerken unseres Gehirns, den zentralen Referenzmustern, muß dazu ein Wissen um die zu befolgenden Regeln vorliegen. Dieses Wissen kann als stammesgeschichtliche Anpassung vorgegeben sein oder auch kulturell tradiert und damit über Lernprozesse internalisiert werden. Darüber hinaus sind wir in der Lage, moralische Entscheidungen auch aufgrund von Überlegungen zu treffen, selbst in Situationen, mit denen wir bisher noch nie konfrontiert waren, gewissermaßen in persönlicher Verantwortung.

Angeboren sind uns zum Beispiel die Regeln, die dem Geben zugrunde liegen. Objekte spielen als Vermittler von sozialen Beziehungen in allen Kulturen eine große Rolle (Abb. 3–5). Wir geben und erhalten Geschenke, bewirten einander und pflegen so auf Gegenseitigkeit freundschaftliche Beziehungen. In traditionellen Kulturen dienen Geschenkpartnerschaften der gegenseitigen sozialen Absicherung. Eine der bemerkenswertesten Untersuchungen über solche sozialen Netzwerke verdanken wir Polly Wiessner (1977, 1982) (S. 78).

Für jeden Objekttransfer gilt, daß der Gebende als Eigentümer der Gabe respektiert wird (Objektbesitznorm) und

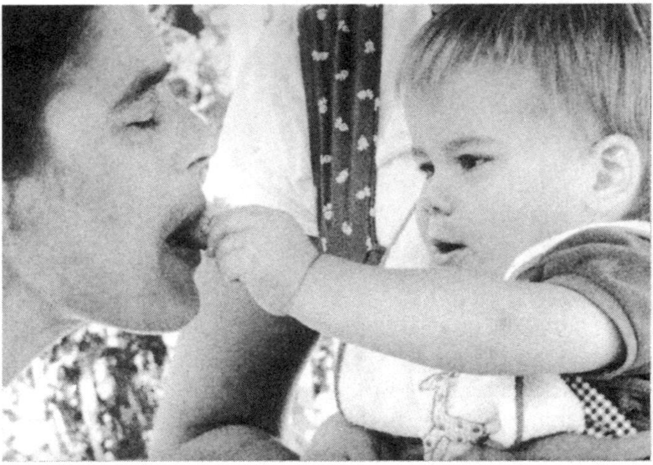

Abb. 3 Bereits einjährige Kinder geben bereitwillig ab, und zwar in der Regel als Füttern. Hier füttert ein einjähriges Mädchen, auf dem Schoß seiner Mutter sitzend, spontan eine ihm gut bekannte Frau. Man beachte die Mitbewegungen mit dem Mund. – Foto: I. Eibl-Eibesfeldt (aus einem 16-mm-Film).

daß man sich zu Dank verpflichtet fühlt. Der Dank kann, er muß aber nicht durch eine Gegengabe abgestattet werden, doch irgendeine Gegenleistung wird stets erwartet (Regel der Reziprozität). Die Gegenleistung kann auch in einer Verpflichtung dazu über längere Zeit aufrechterhalten werden. Bereits Kleinkinder teilen freizügig mit ihnen nahestehenden Personen, und sie nehmen auch über das Anbieten von Gaben Kontakt mit Personen auf, denen sie freundlich gesinnt sind. Nur darf man ihnen nichts wegnehmen – sie wollen als Besitzer anerkannt werden. Will ein Kleinkind von einem anderen etwas haben, dann muß es zum Beispiel bitten. Regelverstoß, etwa durch den Versuch zu nehmen, hat Verweigerung zur Folge, und nimmt ein Kind einem anderen etwas weg, dann führt dies zum Protest des Beraub-

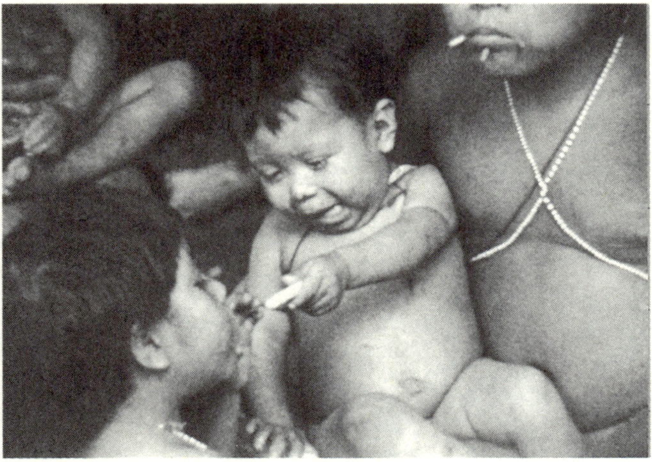

Abb. 4 Yanomami-Säugling, der die ältere Schwester füttert. Man beachte auch hier, daß der Säugling in Fütterintention den Mund aufmacht. Aus diesem Füttern wurde ein länger ausgesponnener Dialog des Gebens und Nehmens, den wir im *Grundriß der vergleichenden Verhaltensforschung* abgebildet haben. – Foto: I. Eibl-Eibesfeldt (aus einem 16-mm-Film).

ten. In solchen Situationen beobachtet man häufig, daß mit Anzeichen der Betroffenheit zurückgegeben wird. Es sieht so aus, als würde ein schlechtes Gewissen die Verhandlungsposition schwächen, oder anders ausgedrückt: Priorität des Besitzes ist eine gute Verhandlungsposition (Abb. 6a–i).

Rituale des Gebens und Bewirtens erfahren kulturell verschiedene Ausgestaltungen. Man kann unter Ausnutzung des Bedürfnisses, durch eine Gegengabe zu vergelten, sogar mit Geschenken kämpfen, wie der Potlatsch der Kwakiutl lehrt. (Ausführlicher über das Geben und seinen Ursprung in Eibl-Eibesfeldt 1984, dort auch weitere Literatur.)

Konrad Lorenz (1943) sprach von uns angeborenen ethischen und ästhetischen Beziehungsschemata: Es handelt sich um zentralnervöse Referenzmuster, die nach Prüfung

Abb. 5 Rituelles Teilen und Füttern zwischen Bruder und Schwester im Verlauf der Zahnfeilungszeremonie auf Bali. Ein weiteres Symbol der Verbundenheit ist der um beide Initianten geschlungene Zeremonialschal. – Foto: I. Eibl-Eibesfeldt.

einkommender Meldungen der Programmierung entsprechende Verhaltensentscheidungen treffen, indem sie bestimmte Verhaltensweisen hemmen oder auch auslösen. Das ist bereits bei Tieren so, die etwa auf bestimmte Signale wie Notrufe einem Artgenossen zu Hilfe eilen oder auf Signale der Unterwerfung ihre Aggressionen einstellen. Lorenz sprach allerdings in diesen Fällen von »moralanalogem Verhalten«. Die Tiere können nämlich nicht anders, als ihren Antrieben folgen, wobei im Parlament ihrer »Instinkte« die jeweils stärkste Stimme sich durchzusetzen pflegt. Werden etwa durch Gefahren Tendenzen des Fluchtverhaltens aktiviert, dann können diese die gleichzeitig aktivierten Verhaltenstendenzen des Beistandes unterdrücken.

Was uns Menschen demgegenüber auszeichnet, ist die Fähigkeit, vernünftig, das heißt aufgrund von Überlegungen,

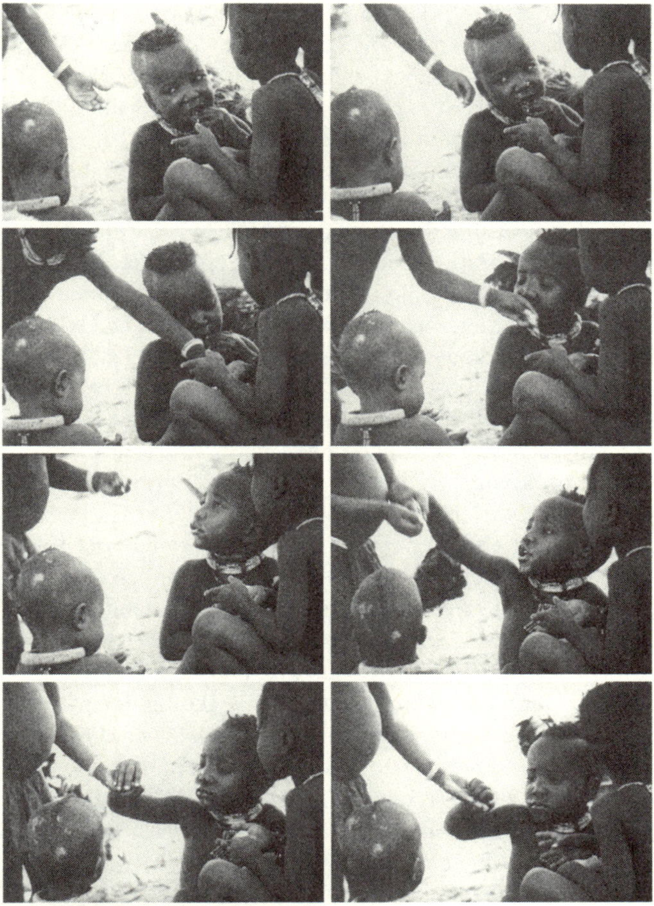

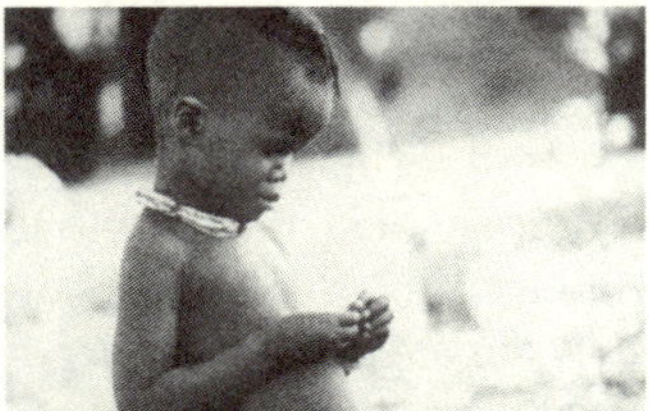

Abb. 6 Wegnehmen und Zurückgeben unter Himba-Kindern: Ein Himba-Bub bat mit aufgehaltener Hand ein Mädchen, das gerade mit anderen ißt, um einen Anteil. Da er nichts bekommt, raubt er sich eine Handvoll. Als die Beraubte protestiert, läßt er sich das Genommene widerstandslos, wenn auch schmollend, aus der Hand nehmen. – Fotos: I. Eibl-Eibesfeldt (aus einem 16-mm-Film).

zu entscheiden. Wir können uns dazu von unserem emotionellen Bereich, in dem auch für uns das Parlament der Instinkte den Ausschlag geben würde, wie schon erwähnt, abkoppeln, und das ist es, was wir als Freiheit der willentlichen und verantwortlichen Entscheidung erleben.

Über die mühseligen Diskussionen über den Freiheitsbegriff hat sich bereits Bernhard Hassenstein (1979) erheitert, gab es doch Diskussionen, in denen Freiheit mit Indeterminiertheit (Unbestimmtheit) gleichgesetzt wurde. Eine solche Freiheit wäre völlig uninteressant, da ihr ja keine persönliche Entscheidung zugrunde liegen würde. Die willentliche Entscheidung zählt, das Bemühen um Lösungen im Konfliktfall. In unsere Entscheidungen geht stets Wissen ein, Wissen um die möglichen Folgen unseres Handelns. Wissen auch um Verpflichtungen und Werte, und letztere wiederum können in angeborenen oder erworbenen Schemata festgeschrieben sein.

Wenn sich eine Person der Forderung Immanuel Kants entsprechend fragt, ob die Leitsätze ihres Handelns zum allgemeinen Gesetz erhoben werden könnten, dann setzt bereits das Stellen dieser Frage Wissen und eine moralische Grundhaltung voraus, wie zum Beispiel den Wunsch nach einer im harmonischen Miteinander auskommenden Weltgemeinschaft. Entscheidend ist dabei, daß wir durch die weitgehende Abkoppelung des triebhaft-emotionellen Bereichs eine vom Triebhaften abgelöste, entspannte Situation schaffen können, die es ermöglicht, einsichtig und vernünftig abzuwägen und gegebenenfalls selbst gegen elementare Beweggründe, etwa die Angst, zu entscheiden.

Dank dieser Fähigkeit kann der Mensch sich auch gegen elementare Triebimpulse, gegen das Parlament seiner Instinkte, entscheiden. So rangiert unserer natürlichen Neigung zufolge die Familie in unserem fürsorglichen Interesse an erster Stelle. Es gibt jedoch Situationen, in denen ein kulturell aufgeprägtes, aber ebenfalls die angeborenen Dispositionen der Gruppenloyalität ausnützendes Staatsethos gebietet, gegen die »Natur« zu handeln. »Ich frevle an der Natur, auch diese mächt'ge Stimme willst du zum Schweigen bringen?« entgegnet König Philipp (in Schillers *Don Carlos*) auf die Zumutung des Großinquisitors, seinen Sohn der Staatsräson zu opfern. Worauf der Großinquisitor erwidert: »Vor dem Glauben gilt keine Stimme der Natur.« Alle Staaten stehen, wie bereits Herbert Spencer bemerkte, vor der schwierigen Aufgabe, nach außen verteidigungsbereit zu sein und im Inneren den Frieden zu erhalten. Damit besteht nach Arnold Gehlen (1969) ein Gegensatz zwischen dem auf das Staatsvolk ausgeweiteten Familienethos der Friedlichkeit und dem wachsamen Ethos des gerüsteten Staates. Gehlen schreibt dazu:

»Der Pazifismus, der Hang zur Sicherheit und zum Komfort, das unmittelbare Interesse am mitfühlenden menschlichen Detail, die Staatswurstigkeit, die Bereitschaft zur Hinnahme der Dinge und Menschen, wie es so kommt, das sind doch Qualitäten, die ihren legitimen Ort im Schoße der Familie haben und in denen der Feminismus seine starke Farbe dazutut, denn die Frau trägt instinktiv in alle Wertungen die Interessen der Kinder hinein, die Sorge für Nestwärme, verringertes Risiko und Wohlstand. Hier liegen die Vorbedingungen zu einer endlosen Erweiterung des Humanitarismus und Eudämonismus, wenn die Gegengewichte, die im Staatsethos liegen, kompromittiert, verboten oder verfault sind« (Gehlen 1969, S. 149). Gehlen spricht in diesem Zusammenhang von einer »Moralhypertrophie« und weist darauf hin, daß auch jene, die sie vertreten, den Staat als Hüter der Ordnung und des Rechts brauchen und daß sich eine weltumspannende Verbrüderung nur in einer pluralistischen Welt verschiedener Vaterländer entwickeln könne, es sei denn, man bejahe die Diktatur einer Weltherrschaft.

Wie immer kommt es auf die richtige Balance an, und die zu finden, darum bemühen sich die Menschen, seit es Großgesellschaften gibt.

Kant begründete seine Ethik auf Vernunft und Einsicht. Er war der Ansicht, man könne nur dann von moralischem Handeln sprechen, wenn jemand seine Neigungen im Dienste einer höheren Aufgabe überwinde. Grundsätzlich müsse man sich die kategorische Frage stellen, ob man wollen könne, daß andere ebenso handeln, wie man selbst es vorhabe. Der Kantianer Schiller antwortete darauf bekanntlich in zwei Xenien: »Gerne dien' ich den Freunden, doch tu' ich es leider mit Neigung, Und so wurmt es mir oft, daß ich nicht tugendhaft bin.« Und: »Da ist kein anderer Rat, du mußt suchen, sie [die Entscheidung] zu verachten, Und mit Abscheu alsdann tun, wie die Pflicht dir gebeut.«

Welche Entscheidungshilfen kann die Biologie geben? Der Biologe bringt zunächst einmal das Denken in anderen Zeitdimensionen ein. Er weiß um unser stammesgeschichtliches Gewordensein, und er weiß um die Wirkmechanismen der Evolution. Er weiß, daß Überleben immer *Überleben in Nachkommen* – und zwar in eigenen oder zumindest den Nachkommen naher Verwandter – bedeutet. Er weiß ferner um die Natur des genetischen Codes, um das Wirken von Auslese und Ausmerze, und daß die Natur dabei keine unserem ethischen Empfinden entsprechende Moral kennt.

Manche Wirtschaftler nehmen sich heute die natürliche Selektion zum Vorbild. Sie denken dabei allerdings in viel zu kurzen Zeiträumen und übersehen, daß sie langfristig gesehen eine Hochrisikostrategie anwenden: Eine soziale Verelendung jener, die es nicht auch zu einem (gewissen) Wohlstand bringen, gefährdet den inneren Frieden und damit auch die Erfolgreichen, die mit so hohem Einsatz spielen (vgl. S. 134). Außerdem muß selbst den Hartgesottensten der tägliche Anblick von Elend Unbehagen bereiten, denn das entspricht nicht unseren prosozialen Neigungen. Wir können aus der Natur viel lernen, betonte Wolfgang Wickler (1981), aber auch, wie wir es nicht machen sollten.

Aus dem So-Sein kann, wie wir Biologen nicht müde werden zu betonen, kein Sollen abgeleitet werden. Dies heißt aber nicht, daß das von Wissenschaftlern erarbeitete Wissen von keinerlei Bedeutung für politische Entscheidungen wäre (Salter 1995). Gute Absichten allein genügen nicht. Viele der gegenwärtig so zahlreichen selbsternannten Volkserzieher meinen, es genüge, einem sozialen Imperativ zu folgen, die Empirie könne man ruhig vernachlässigen. Das mag bei Diskussionen um unser Seelenheil angehen, Offenbarungslehren braucht man nicht naturwissenschaftlich zu begründen. Politische Zielsetzungen sind jedoch von dieser Welt. Und wer das allgemeine Wohl und Wehe vor Augen hat, tut gut, auch die Rahmenbedingungen des Möglichen auszuloten.

Die Bejahung des Willens zum Leben sollte als Axiom anerkannt werden. Es könnte ja einer aus misanthroper Veranlagung auch den Untergang allen Lebens, der Menschheit oder seines Volkes wollen: aus Lebenshaß oder aus Entsetzen über das Leid der Welt, in der Tiere wie Menschen davon leben, daß sie anderes Leben zerstören. Schopenhauer meinte: »Selbst den verstocktesten Optimisten würde das Grausen ergreifen, wenn man ihn durch die Krankenhospitäler, Lazarette und chirurgischen Marterkammern, durch die Gefängnisse, Folterkammern und Sklavenställe, über Schlachtfelder und Gerichtsstätten ... führen würde.« Schließlich werde er erkennen, wie diese »beste aller Welten« beschaffen sei: »Woher denn anders hat Dante den Stoff zu seiner Hölle gewonnen, als aus dieser, unserer wirklichen Welt? Und doch ist es eine recht ordentliche Welt geworden. Hingegen als er an die Aufgabe kam, den Himmel und seine Freuden zu schildern, da hatte er eine unüberwindliche Schwierigkeit vor sich, weil eben unsere Welt gar keine Materialien zu so etwas darbietet.« Dennoch sind wir dem Leben verpflichtet, und mit dem Wissen um die Evolution eröffnet sich uns auch die Hoffnung auf eine zunehmende Humanisierung unseres Daseins. Wir teilen den Optimismus, den Karl Popper in seinen Büchern ausstrahlt.

Ich habe vom »Überleben als Richtwert« gesprochen (vgl. dazu auch Eibl-Eibesfeldt 1988). Das trug mir den Vorwurf des naturalistischen Fehlschlusses vom So-Sein auf das Sollen ein (Falger 1994). Der Vorwurf wäre berechtigt, hätte ich aus der Tatsache, daß alle Arten Strukturen und Verhaltensweisen im Dienste des Überlebens entwickelten, geschlossen, daß damit auch alle Arten überleben sollten oder gar das Recht hätten, zu überleben. Dies habe ich aber nicht getan, vielmehr betone ich immer wieder, daß es kein für uns erkennbares Interesse der Natur an irgendeiner Art von Lebewesen gibt, wohl aber ein Überlebensinteresse als Eigeninteresse, und das zu vertreten wurden alle, auch wir Menschen, im Laufe einer langen Stammesgeschichte programmiert. Darüber muß Bescheid wissen, wer immer vor politische Entscheidungen gestellt ist. Auch muß man wissen, daß beim Menschen die Selektion nicht nur am einzelnen, dem Individuum, angreift, sondern auch auf Gruppenebene und daß daher ein rücksichtsloser Individualismus nicht zu verantworten ist.

»Die menschliche Natur limitiert«, bemerkt Frank Naumann (1994), »ein positiver Lebensentwurf läßt sich aus ihr nicht ableiten.« Dem möchte ich widersprechen. Dem positiven Lebensentwurf, der sich mit dem Wunsch nach Frieden und Wohlstand verbindet, liegt unter anderem unsere prosoziale Emotionalität zugrunde, und diese ist ein spätes Produkt der Evolution. Würden Menschen nicht Sympathie, Liebe und Mitleid für andere empfinden, sondern allein vernunftbegründet ihre Überlebensstrategien entwerfen, dann könnten sie wohl ebenfalls Konventionen für ein Zusammenleben in Frieden entwickeln, aber es bedürfte der repressiven Dominanz, um eine solche »Gesellschaft von Teufeln« funktionsfähig zu halten, und von Harmonie dürfte kaum die Rede sein. Ich betrachte nach wie vor die Evolution von Fürsorglichkeit und Liebe als eine Sternstunde in der Evolution des Wirbeltierverhaltens (vgl. S. 64). Ohne affiliatives Engagement gäbe es keine humanitäre Entwicklung. Das fürsorgliche Engagement ist eine entscheidende, bewegende Kraft auf unserer Suche nach einer besseren Welt, in der unter anderem Friede und Wohlstand herrschen sollten, aber wohl auch eine höhere Kultiviertheit, in der eine differenziertere Fähigkeit, wahrzunehmen bzw. zu erkennen, und eine weiterentwickelte, verbesserte intellektuelle Fähigkeit angestrebt werden sollten.

Im Dienste einer solchen Zielsetzung tut man gut, wenn man sich an der Wirklichkeit orientiert. Dogmatisierung und Ideologisierung erschweren die Problemlösung, da sie die Bereitschaft zur einsichtigen Fehlerkorrektur blockieren und diese damit der Selektion überlassen, die auf schmerzliche Weise korrigiert. Was immer wir Menschen tun oder auch unterlassen, kann unsere Fähigkeit, in Nachkommen zu überleben, kurz, unsere »Eignung« fördernd oder hemmend beeinflussen. Die Evolution läuft über die Weitergabe des individuellen Erbgutes, das auch in den Verwandten eines Individuums mit einer berechenbaren Wahrscheinlichkeit weitergereicht wird. Die heute auf eine Restpopulation geschrumpfte polynesische Bevölkerung der Hawaii-Inseln lebt nicht in den eingewanderten Japaner, Europäern oder Chinesen weiter. Würde sie völlig verdrängt, dann bedeutete das ihr Aussterben, ihren Untergang.

Nur ein Zyniker kann hiergegen einwenden, daß es auf dieser Erde ja ohnedies zu viele Menschen gebe und daß es auf das Überleben der Menschheit und nicht der Polynesier, Yanomami-Indianer oder irgendwelcher anderen Völker ankomme. Gewiß, auf ein Interesse der Natur am Weiterleben von Polynesiern oder irgendwelchen anderen Menschen können wir nicht bauen. Aber wir sehen, wie sich alle Geschöpfe, uns Menschen inbegriffen, um ein Weiterleben bemühen, und das verpflichtet uns, das Leben zumindest zu achten, und hier wieder im besonderen das unserer Mitmenschen.

Die Tatsache, daß nur das Überleben in eigenen Nachkommen, also das Überleben der Gene, zählt, hat zu einer eher unglücklichen Terminologie geführt. Soziobiologen sprachen und sprechen nach wie vor von einem *genetischen Egoismus* und davon, daß wir alles, was wir tun, auch wenn wir uns gruppenloyal oder sonstwie hilfsbereit verhalten, aus Egoismus täten. Das ist nicht richtig, und diese Ausdrucksweise fördert auch nicht das Verständnis. Es stimmt, daß Liebe, Freundlichkeit und Hilfsbereitschaft Mitmenschen gegenüber von positivem Selektionswert sind und daß wir dazu im Laufe der Stammesgeschichte emotionell und triebhaft ausgestattet wurden. Wir verspüren Mitleid und handeln aus Mitgefühl und erleben dabei durchaus Konflikte mit eigensüchtigen Impulsen. Für das Erleben und Handeln auf dieser Ebene ist die Terminologie von Egoismus und Altruismus angebracht, denn beides existiert als subjektiv erlebtes Motiv unseres Handelns. Wer von genetischem Egoismus spricht oder wer meint, weil altruistisches Verhalten im Laufe der Stammesgeschichte wegen seines positiven Selektionswertes ausgelesen wurde, wäre alles letztlich egoistisch motiviert und es gäbe keinen Altruismus, der übersieht, daß es sich hier um verschiedene Dinge handelt. Gene werden ausgelesen, sie liegen Eiweißsynthesen zugrunde, die letztlich den Aufbau eines Organismus herbeiführen, einschließlich seiner motivierenden Systeme. Aber nur Individuen entscheiden sich und handeln, und nur an ihnen, den Trägern der Gene, setzt die Selektion an.

Wir werten immer nach menschlichen Maßstäben, eine artneutrale Ethik kann es nicht geben. Sarah Blaffer-Hrdy (1988) stellte die Frage: »Warum finden wir es bewundernswürdig, wenn jemand Kinder aufzieht und nicht Kaulquappen?« Sie gibt damit zugleich die Antwort. Und so sind auch Fragen, ob die Natur oder die Evolution gut oder böse sei oder ob es uns besser nicht gäbe, wenig sinnvoll. Die Natur ist, wie sie ist, und Spinnen wird man nicht zum Vegetarismus bekehren. Auch wir Menschen sind nun einmal da und sollten dies als Chance und Herausforderung akzeptieren. Daß sich in uns die Schöpfung zum erstenmal ihrer selbst bewußt wurde, verpflichtet uns, das Überleben als Richtwert anzuerkennen und so zu handeln, daß es auch künftigen Generationen möglich ist, sich ihres Lebens zu erfreuen.

Wir Menschen können uns als erste Wesen auf diesem Planeten Ziele setzen. Und wir tun dies auch über die Vielfalt der ideologiegestützten politischen Programme. Verhindern wir, daß diese sich zu Dogmen verhärten, und bleiben wir damit offen für rechtzeitige Fehlerkorrektur, wie Popper (1984) es forderte. Dann eröffnen sich uns einmalige Chancen der weiteren Entwicklung. Eine wichtige Zielsetzung wäre in diesem Zusammenhang die Entwicklung eines generationenübergreifenden Überlebensethos, das die Erhaltung der Subsistenzbasis auch künftiger Generationen und damit die Absicherung des Lebens auch kommender Generationen anstrebt.

Vorprogrammierungen

Warum verhalten wir uns so, wie wir uns verhalten, und nicht anders? Diese Grundfrage aller Verhaltensforschung (Ethologie) kann nach Interessenlage des jeweiligen Fragestellers auf verschiedene Weise beantwortet werden. Den Physiologen interessiert die Funktionsweise der den Verhaltensleistungen zugrundeliegenden physiologischen »Maschinerie«. Auf diesem Gebiet kann auch ein Fundamentalist, der das Evolutionsgeschehen leugnet, ein guter Physiologe sein. Biologen sind jedoch darüber hinaus an Fragen der stammesgeschichtlichen Entwicklung interessiert. Sie wollen verstehen, welche Selektionsdrucke die Entwicklung eines Verhaltens oder einer bestimmten Art, wahrzunehmen, in Gang setzten, und stellen damit die Frage, welche Aufgaben eine Verhaltensleistung im Dienste der Überlebenstüchtigkleit erfüllt oder, anders ausgedrückt, worin ihre spezifische Angepaßtheit besteht. Eine Frage übrigens, die sowohl für uns angeborene als auch für individuell erlernte und kulturell tradierte Verhaltensleistungen gestellt werden kann. Alles, was wir tun oder unterlassen, geht ja letztlich in die Bilanz einer Kosten-Nutzen-Rechnung ein, nach der sich Angepaßtheit bewerten läßt.

Von grundsätzlichem Interesse ist ferner die Frage nach dem Anteil des Angeborenen im menschlichen Verhalten. Alle Wahrnehmung und alles Verhalten ist ja letzten Endes auf die Aktivität von neuronalen Netzwerken im menschlichen (bzw. tierischen) Gehirn zurückzuführen, die miteinander und mit den Sinnes- und Ausführungsorganen zu funktionellen Einheiten verbunden und auf bestimmte Signale so abgestimmt sind, daß angepaßtes Verhalten möglich wird. Soweit herrscht Übereinstimmung. Umstritten war lange Zeit die Frage, ob die Integration der Nervenzellen zu höheren funktionellen Wirkungsgefügen und damit die Programmierung zu verläßlich abrufbarem Verhalten ausschließlich über assoziative Prozesse aufgrund von Erfahrungen während der Embryonal- und Jugendentwicklung erfolgen oder ob sie auch in einem Wachstumsprozeß aufgrund der im Erbgut vorgegebenen Entwicklungsanweisungen reifen können.

In den Verhaltenswissenschaften vom Menschen galt es bis in die sechziger Jahre als ausgemacht, daß uns Menschen außer einigen Reflexen des Neugeborenen nichts angeboren sei. Es hieß, wir kämen quasi als unbeschriebenes Blatt zur Welt und würden erst über Lernprozesse programmiert. Daß diese Ansicht sich in unserem Jahrhundert entgegen den schon frühen Befunden der Biologen in den pädagogisch ausgerichteten Humanwissenschaften wie der Soziologie und der behavioristischen Psychologie so hartnäckig hielt, hat mehrere Gründe. Zunächst haben milieutheoretische Lehren, die einzig auf die gestaltende Kraft der Umwelt setzen, einen starken positiven Anreiz. Menschen möchten frei entscheiden und wählen können. Und sie möchten ihre Kinder frei nach ihrem Ermessen erziehen können. Der Gedanke an Vorgaben, die etwa als stammesgeschichtlich entwickelte Verhaltensdispositionen die Modifikationsbreiten ihres Handelns einengen können, stört sie. Außerdem erlebt jeder Mensch subjektiv, aus sich heraus, etwas frei entscheiden zu können, dies zu tun und jenes zu unterlassen, auch wenn Ärger oder etwa Verliebtheit uns gelegentlich zu unvernünftigem Handeln verleiten.

Der Wunsch, den heranwachsenden Mitmenschen nach eigenem Dafürhalten erzieherisch gestalten zu können, hat aber auch seine bedenklichen Seiten, manifestiert sich in ihm doch zugleich ein Machtanspruch, der den heranzubildenden Menschen in der Vorstellung der Erzieher allzuleicht zu Wachs in deren Händen degradiert. Wenn jemand behaupten kann, daß uns Menschen außer einigen elementaren Reflexen des Neugeborenen nichts angeboren sei, dann kann man sich das auf Überzeugung begründete Recht herausnehmen, zu bestimmen, was als gut und erstrebenswert zu gelten habe, und danach die Normen zu setzen. Das verleiht politischen Führungen ungeheure Macht, und diese korrumpiert nicht selten. So kommt es, daß die Wirklichkeit oft gegen besseres Wissen schlichtweg ausgeblendet wird, wenn sie Grenzen der Belastbarkeit aufzeigt, die der Verwirklichung einer Utopie im Weg zu stehen scheinen.

In diesem Zusammenhang hört man dann oft auch, daß der Hinweis auf das Angeborene einem Fatalismus Vorschub leiste, denn gegen Angeborenes sei bekanntlich nichts zu machen. Ich habe darauf so oft geantwortet, daß ich mich hier nur ungern wiederhole. Grundsätzlich betrachten wir – ich muß es noch einmal sagen – den Menschen als *Kulturwesen von Natur.* Der Mensch kultiviert alle Lebensbereiche und legt sich damit Zügel an. Das erlaubt es ihm, sich an die verschiedensten Lebensbedingungen anzupassen. Nun engen Zügel sicher ein, aber dadurch, daß wir sie uns anlegen, erwerben wir Selbstkontrolle und damit Freiheiten auf einer höheren Ebene. Zügellosigkeit führt allzuleicht in die Irre und zu Zeit und Energie verbrauchenden Reibereien.

Die erzieherische Kultivierung unseres Verhaltens setzt ein Wissen um das voraus, was es zu zivilisieren gilt. Außer unseren prosozialen Anlagen, auf die sich viele unserer Hoffnungen begründen, steckt in unserem stammesgeschichtlichen Erbe auch höchst Problematisches, das sich, wenn unerkannt, in bestimmten Situationen als Stolperstrick erweisen kann.

Da um den Begriff »angeboren« auch heute noch unklare Vorstellungen herrschen, möchte ich dazu an dieser Stelle ein paar Worte sagen. Man hört immer wieder, das Erbe spiele zwar sicherlich auch bei der Ausdifferenzierung von Wahrnehmung und Verhalten eine große Rolle, aber man könne die Anteile von Erbe und Umwelt nie auseinanderhalten, da ja eine Umwelt in allen Phasen der Entwicklung auf einen Organismus einwirke. Selbst wenn man ihn isoliert aufziehe, könne er Erfahrungen sammeln, daher sei auch die Aufzucht unter Erfahrungsentzug, die Ethologen bei Tieren zum Nachweis des »Angeborenen« führen, nicht beweisend.

Darauf ist zu antworten, daß ein Verhalten ebenso wie spezifische Wahrnehmungsleistungen als Anpassungen eignungsrelevante Facetten der Umwelt oder soziale Modelle kopieren. Ich kann daher im Versuch nach der Herkunft spezifischer Angepaßtheit forschen. Ich kann zum Beispiel eine Ästchen mimende Spannerraupe vom Ei an fern von Zweigen aufziehen. Mimt sie dennoch in Körperbau und Verhalten Ästchen, indem sie Zweige, auf denen sie gut getarnt erscheint, aufsucht und bei Gefahr sich wie ein Ästchen vom Zweig abspreizt, dann ist erwiesen, daß auf dieser Ebene der Passung die entscheidende Information stammesgeschichtlich über Mutation und Selektion erworben und genetisch kodifiziert wurde. Ähnliches würde für den Fall gelten, daß ein vom Ei an isoliert aufgezogener Vogel beim Eintreten der Geschlechtsreife wie seine gleichgeschlechtlichen Artgenossen zu singen und zu balzen beginnt, denn auch in diesem Fall kann das Tier die Information, das spezifische Gesangsmuster betreffend, nicht während seiner Entwicklung erworben haben. Sollte sich etwa, was höchst unwahrscheinlich ist, herausstellen, daß die Koordination der Atembewegungen – eine Voraussetzung für das Singen – in der Jugendentwicklung gelernt wird, dann würde das an der Aussage der stammesgeschichtlichen Angepaßtheit auf der Ebene des Singens nichts ändern.

Mittlerweile hat die biologische Forschung gezeigt, daß ein Nervensystem durchaus in der Lage ist, sich selbst zu »verdrahten«. Wir wissen durch die Untersuchungen von

Roger Sperry (1971) und seinen Nachfolgern (siehe dazu Eibl-Eibesfeldt 1987), daß die auswachsenden Nerven auf ihre Endorgane chemisch abgestimmt sind und diese gewissermaßen erschnüffeln. Die wegweisende Entdeckung gelang Sperry, als er einem Froschembryo ein Stück Rückenhaut in die Bauchregion verpflanzte. Dort blieb es auch nach der Verwandlung durch eine dunklere Pigmentierung gut erkennbar. Kitzelte er den herangewachsenen Frosch später an diesem Stück in die Bauchregion verpflanzter Rückenhaut, dann kratzte sich der Frosch am Rücken. Die normalerweise die Rückenhaut innervierenden Nervenfasern hatten also das ihnen zugeordnete Stück Rückenhaut in der Bauchregion »erschnüffelt« und gefunden. Mittlerweile hat man herausgefunden, daß von den auswachsenden Nervenkegeln fadenartige Moleküle ausgehen, die selektive Affinitäten zeigen und den Nerv in eine bestimmte Richtung ziehen (Goodman und Bastiani 1984).

Auch an der Tatsache der partiellen Vorprogrammiertheit menschlichen Verhaltens durch stammesgeschichtliche Anpassungen besteht heute kein grundsätzlicher Zweifel mehr. Schon früh wiesen die Gestaltpsychologen auf elementare Prozesse der Wahrnehmung hin, die deshalb interessant sind, weil sie erkennen lassen, daß sie Hypothesen über die uns umgebende Welt beinhalten. Das führt dazu, daß wir im Experiment eine Wahrnehmung oft fehlinterpretieren. So vermeinen wir in einer mondhellen Nacht den Mond gegen die Wolken ziehen zu sehen, weil unser Wahrnehmungsapparat von der Annahme ausgeht, daß es immer Objekte sind, die sich in einer im übrigen feststehenden Umwelt bewegen. Man kennt viele visuelle Illusionen dieser Art, und solche »Vorurteile« erweisen sich gegen besseres Wissen als ziemlich resistent.

Wir wissen ferner um die Existenz neuronaler Netzwerke, die eng auf ganz bestimmte Wahrnehmungsleistungen spezialisiert sind, wie zum Beispiel auf das Erkennen von Gesichtern. Die darauf spezialisierten Neuronenpopulationen im temporalen Kortex sprechen beim Menschen und beim Rhesusaffen selektiv auf einfache Gesichtsattrappen an, nicht aber auf die Abbildung einer Hand oder eine unregelmäßige Anordnung von Gesichtselementen, die vordem als Gesicht starke Reaktionen auslösten (Abb. 7). Neugeborene reagieren auf einfache Gesichtsattrappen aus zwei Augenflecken und einem in der Mitte darunter befindlichen runden Fleck, die von einer Linie als Gesicht abgegrenzt sind (Abb. 8), mit aufmerksamem, anhaltendem Betrachten. Der Mundfleck muß sich jedoch unter den Augen befinden. Die gleiche Attrappe um 180° gedreht, daneben geboten, erfährt signifikant weniger Zuwendung.

Zu diesen offenbar auf ein angeborenes elementares Gesichtserkennen spezialisierten Neuronenpopulationen kommen beim Menschen noch solche, die darauf spezialisiert sind, sich durch Lernen persönliche Merkmale eines Gesichts einzuprägen. Wird diese Region zerstört, dann erkennen die betroffenen Personen zwar noch Gesichter, sie können diese aber nicht mehr einer bestimmten Person zuordnen und erkennen dann selbst nächste Angehörige nicht. Sobald die Person spricht, wird sie erkannt. Das Phänomen ist als Prosopagnosie bekannt.

In beiden Fällen liegen Referenzmuster vor, in denen gewissermaßen als Erwartung ein Wissen vorgegeben ist, gegen das einkommende Meldungen verglichen werden. Im ersten Fall handelt es sich um ein ganz allgemeines Gesichtsschema, das uns angeboren ist und das wohl auch älteres Erbe ist, da wir es ja bereits bei nichtmenschlichen Primaten vorfinden. Die Referenzmuster für das persönliche Erkennen von Gesichtern werden offensichtlich über Lernen programmiert. Als stammesgeschichtliche Anpassungen liegen aber eigens dafür abgestellte Hirnregionen bereit.

Wir haben also uns angeborene von erworbenen Referenzmustern zu unterscheiden. Erstere nannte Konrad Lorenz (1935) angeborene Schemata. Man spricht auch von

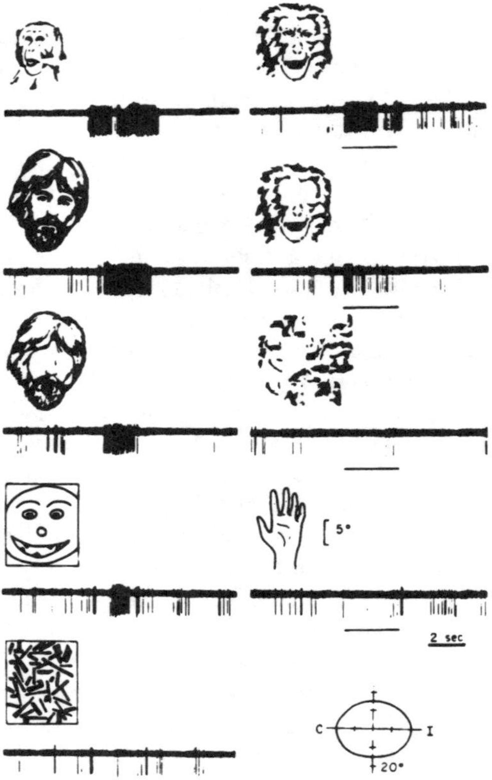

Abb. 7 Antworten einzelner Nervenzellen aus dem temporalen Kortex eines Rhesusaffen. Unter den visuellen Reizmustern sind die neuronalen Antworten angegeben. Jeder Strich entspricht einem Nervenimpuls. Die Spezifität der Antworten auf Gesichtsreize ist bemerkenswert. Affengesichter und Menschengesichter mit Augen lösen die stärksten Antworten aus. Fehlen die Augen, dann sinken die Antworten dramatisch ab. Ein durcheinandergemischtes Affengesicht erhält kaum Antworten, ebensowenig eine Hand oder ein Arrangement unregelmäßiger Striche, wohl dagegen ein stark schematisiertes Gesicht. – Nach G. G. Gross et al. (1981).

Abb. 8 Die den Neugeborenen gebotenen Gesichtsattrappen. Die um 180° gedrehte Gesichtsattrappe, bei der der Mundfleck über den Augen lag, fand bei den Neugeborenen, gemessen an der Fixierzeit, viel weniger Beachtung. – Aus E. Valenza et al. (1996).

Leitbildern und Sollmustern. Im Englischen hat sich der Begriff *template* eingebürgert, der dem Lorenzschen Schema entspricht. Referenzmuster dieser Art sind oft so beschaffen, daß sie beim Eintreffen der Reize oder Reizkonfigurationen, auf die sie abgestimmt sind, ganz bestimmte Verhaltensweisen als Antworten freigeben. In diesen Fällen spricht man von angeborenen auslösenden Mechanismen.

Solche angeborenen Auslösemechanismen gibt es nicht nur für die visuelle Wahrnehmung, sondern auch für die geruchliche und akustische. Spielt man Säuglingen Tonbänder mit Lautäußerungen gleicher Lautstärke, aber verschiedener Qualität vor, unter anderem auch Weinen, löst nur das Weinen Mitweinen aus.

Allgemein bekannt dürfte mittlerweile das von Konrad Lorenz entdeckte Babyschema (Kindchenschema) sein. Säuglinge zeichnen sich durch eine Reihe von Merkmalen

Abb. 9 Teddybären: links aus den Anfangsjahren der Produktion (Firma Steiff 1905/06) und rechts in seiner weiteren Entwicklung zum Kuscheltier. Die Gliedmaßen wurden verkürzt, Kopf und Rumpf runder, und auch das Gesicht glich sich mehr dem Babyschema an. – Aus Chr. Sütterlin (1993).

aus, die wir »herzig« finden. So haben Säuglinge einen relativ großen Kopf im Verhältnis zu einem kleinen Rumpf und kurzen Extremitäten. Fettpolsterung bewirkt rundliche Formen. Das Gesicht ist durch eine vorgewölbte Stirn, einen relativ zierlichen, kleinen Gesichtsschädel und durch Pausbacken charakterisiert. Die Attrappenversuche der Puppen- und Werbeindustrie lehren, daß man jedes dieser Merkmale einzeln bieten und dabei stark übertreiben kann, um für die verschiedensten Zwecke niedlich und damit freundlich stimmende Objekte zu schaffen. Die Entwicklung der Teddybären zeigt, daß der Kopf im Laufe der Zeit immer größer, Rumpf und Extremitäten dagegen immer kleiner wurden. Die Teddys wurden so immer niedlicher (Abb. 9). Der Kulturenvergleich lehrt, daß es sich beim Kindchenschema um eine Universalie handeln dürfte.

Auch unsere ästhetische Bewertung der nichtmenschlichen Umwelt ist durch uns angeborene Leitbilder mitbestimmt. So fällt auf, daß Parkanlagen in aller Welt sich durch vereinzelte kleinere Baumgruppen und freie Wiesenflächen mit Kleingewässern auszeichnen und damit an die Savanne erinnern, in der sich die Menschwerdung vollzogen hat. Außerdem zeichnet uns eine ausgesprochene Vorliebe für Pflanzen, eine Phytophilie, aus, die sich bei naturfern lebenden Stadtbewohnern unter anderem darin ausdrückt, daß sie Ersatznatur in Form von Topfpflanzen in ihr Heim tragen. Es handelt sich wohl um archetypische Prägungen auf Merkmale eines Lebensraumes, der uns gute Existenzbedingungen verspricht. Wo Pflanzen gedeihen, haben auch wir Menschen Aussicht, genügend Nahrung zum Überleben zu finden. Mehrere Untersuchungen zeigten, daß es zu unserem Wohlbefinden beiträgt, wenn unser ästhetisches Bedürfnis nach Grün erfüllt ist. So fördert der »Ausblick auf Natur« den Heilerfolg von Patienten. In einem von Roger Ulrich (1984) zitierten Beispiel waren sechs nebeneinander liegende Zimmer mit Patienten belegt, die sich einer Gallenoperation unterzogen hatten. Der Heilerfolg in drei Zimmern, die Ausblick auf belaubte Bäume hatten, war deutlich besser als in den anderen, deren Ausblick durch ein Gebäude verstellt war: Die Aufenthaltsdauer in den Zimmern mit »Naturblick« war kürzer. Es gab außerdem weniger Komplikationen, und es wurden weniger Medikamente verbraucht. Das ist ein klarer Nachweis für die gesundheitsfördernde Auswirkung ästhetischer Umwelteindrücke.

Untersuchungen mit Hilfe von computergenerierten Bildern zeigten, daß Kinder vor der Pubertät Savannenhabitate vor anderen bevorzugen. Nach der Pubertät jedoch ziehen sie Landschaftsbilder vor, die ihrer Heimat entsprechen (Synek 1997). Wir kommen hierauf noch zu sprechen, wollen aber bereits an dieser Stelle darauf hinweisen, daß auch das Lernen durch uns angeborene Lerndispositionen so ausgerichtet ist, daß wir im allgemeinen das lernen, was unserem Überleben nützt.

Das gilt zunächst einmal für unsere Begabung, eine Sprache zu lernen, wofür wir über eigene, darauf spezialisierte Hirnstrukturen verfügen. Wichtig für unsere Betrachtungen ist ferner eine von Konrad Lorenz entdeckte und als *Prägung* beschriebene Form des Lernens. Lorenz beobachtete, daß frischgeschlüpfte Gänseküken offenbar über keine angeborene Kenntnis ihrer Eltern verfügen. Sie laufen auf jedes Objekt zu, das rhythmische Locklaute äußert, und folgen ihm, wenn es sich fortbewegt, gleich, ob es sich um eine Kiste, einen Ball oder einen Menschen handelt. Sind sie einem solchen Objekt oder einem Menschen einmal gefolgt, dann bleiben sie dabei. Weitere Untersuchungen zeigten, daß solche Prägungen sich durch eine sensible Periode auszeichnen und daß sie, wenn einmal erfolgt, irreversibel sind. Elisabeth Wallhäuser und Henning Scheich (1987) fanden dafür eine Erklärung. Sie prägten die Folgereaktion von Hühnerküken auf reine Töne und stellten als Folge an den die akustischen Signale verarbeitenden Neuronen bemerkenswerte Veränderungen fest: Vor der Prägung hatten die zuführenden Äste dieser Nervenzellen viele vorbereitete Kontaktstellen mit anderen Nervenzellen. Nach der Prägung erwiesen sich die meisten dieser Kontaktstellen als eingeschmolzen und die Nervenzellen damit auf eine ganz bestimmte Reizqualität abgestimmt.

Stammesgeschichtliche Anpassungen bestimmen aber nicht nur unsere Fähigkeit, wahrzunehmen, zu erkennen und zu lernen, sondern auch – über besondere motivierende Systeme – unsere Gestimmtheiten, Gefühlsregungen und Sinnesempfindungen. Ihnen sind ferner oft ganz bestimmte uns angeborene Bewegungsfolgen zugeordnet, die vielfach Signalcharakter haben. Bereits Neugeborene reagieren zum Beispiel auf sauer, bitter und süß mit ganz typischen mimischen Ausdrucksbewegungen, die erkennen lassen, wie ihnen etwas schmeckt. Selbst großhirnlos geborene Kinder zeigen diese Ausdrücke (Steiner 1979). Ärger, Freude und Kummer drücken sich ferner in der Mimik der verschiedensten Völker auf die gleiche Weise aus, und das Studium von taub und blind geborenen Kindern lehrt, daß diese lachen, weinen und lächeln wie sehende und hörende Kinder, obgleich sie in ewiger Nacht und Stille heranwuchsen und daher keine Möglichkeiten hatten, von sozialen Vorbildern zu lernen. Kulturenvergleichende Untersuchungen haben in den letzten drei Jahrzehnten eine Fülle von Universalien im menschlichen Verhalten nachgewiesen. So stimmen viele Gesichtsausdrücke bis in Einzelheiten des Bewegungsablaufes über die Kulturen hinweg überein. Der »Augengruß«, ein schnelles Heben der Augen für etwa $^1/_6$ Sekunde und meist von einem Lächeln begleitet, ist ein Beispiel dafür. Es gibt ferner Prinzipähnlichkeiten im Verhalten. Einander begrüßende Personen kombinieren oft Verhaltensweisen imponierender Selbstdarstellung mit befriedenden Appellen. Wie das allerdings geschieht, wechselt. Es kann sich um feste Rituale handeln, so wenn ein Staatsgast durch das salutierende Militär und ein Blumen überreichendes Mädchen begrüßt wird. Aber auch alltägliche Grußformeln und ein fester Händedruck können das ausdrücken. Wie man imponiert und besänftigt, wechselt jeweils, aber die Antithese von Selbstdarstellung und Besänftigung ist in bestimmten Grußsituationen über die Kulturen hinweg zu beobachten. Es gibt vergleichbare elementare Interaktionsstrategien der Aggressionsabblockung, des Bittens, Werbens und anderes mehr, die ebenfalls bei oberflächlicher Betrachtung recht verschieden aussehen können, die aber bei genauerer Betrachtung erkennen lassen, daß es sich um nach gleichen universalen Regeln strukturierte Abläufe handelt. Das weist auf ein universales Regelsystem hin, eine Grammatik sozialen Verhaltens, die zu den menschlichen Universalien zählt. Darüber schreibe ich ausführlich in meiner *Biologie des menschlichen Verhaltens*.

Dominanz und Fürsorglichkeit – die Eckpfeiler menschlicher Sozialität

1. Eine Sternstunde der Verhaltensevolution

In allen Gebieten der Erde beobachten wir gegenwärtig ein Wiederaufleben von Stammesdenken und ethnischen Konflikten. Wir sind mit weltweiten Äußerungen des Ethnozentrismus und der Xenophobie (Fremdenfurcht) konfrontiert und stehen dem Problem der zunehmenden Gewalttätigkeit gegen Ausländer ziemlich ratlos gegenüber. Wie so oft in solchen Fällen macht man es sich dann zu bequem, indem man das Phänomen in seiner Bedeutung herunterspielt, es als schlechte Gewohnheit für eine Therapie empfiehlt oder schlichtweg seine Existenz verleugnet. »Nations are an invention«, las ich kürzlich. Da ist was dran, denn Jäger- und Sammlervölker bilden im allgemeinen keine Nationen. Menschen grenzen sich allerdings auch auf einer vorstaatlichen Entwicklungsstufe von anderen als Lokalgruppen, Dorfgemeinschaften, Tälergemeinschaften und dergleichen mehr ab. Und ethnische Nationen entwickeln sich ziemlich häufig, und das Phänomen der Ethnizität beschränkt sich nicht nur auf die avancierte technisch-zivilisierte Welt. Es ist daher zu hinterfragen. Warum definieren sich zum Beispiel Armenier als Armenier, Kurden als Kurden und Serben als Serben? Und warum sind viele sogar bereit, ihr Leben im Kampf für die Erhaltung ihrer Identität zu opfern?

Die sind eben irregeführt, könnte man argumentieren – aber das lädt dann doch nur zu der Frage ein: Warum werden Menschen in der ganzen Welt so leicht irregeführt?

Wir gegen die anderen – dieser Gegensatz beinhaltet eines der größten Probleme der Menschen. Wie kam diese Unterscheidung in die Welt? Sie ist interessanterweise das Ergebnis einer höchst positiv zu bewertenden Entwicklung, die die Weichen der Evolution in eine ganz neue Richtung stellte, so daß ich von einer *Sternstunde der Verhaltensevolution* spreche. Es handelt sich um die Evolution der fürsorglichen, mütterlichen Brutpflege bei den Vögeln und Säugetieren. Mit ihr kam nämlich die Liebe, definiert als persönliche Bindung, in die Welt. Diese starke, affektiv getönte Beziehung diente zunächst zur Absicherung der Mutter-Kind-Bindung, was wiederum garantiert, daß Mütter nur ihre eigenen Jungen umsorgen. Mit der Mutter-Kind-Bindung kam die persönliche Bindung und damit das »Wir und die anderen« in die Welt – und auch, wie wir im folgenden ausführen werden, das gerade aufgezeigte Problem.

Vor der Entwicklung der individualisierten Brutfürsorge gab es unter den Wirbeltieren keine persönlichen Beziehungen und daher auch keine Liebe. Das Schlüsselerlebnis zu dieser Erkenntnis hatte ich, als ich im Januar 1954 bei Punta Espinosa an der westlichen Galápagos-Insel Fernandina landete. Die meerumbrandeten Felsen waren hier buchstäblich mit Hunderten dunkler Meerechsen bedeckt. Sie lagen dicht gepackt nebeneinander, als wären sie gesellig (Abb. 10). Aber bald kam ich darauf, daß ihre Art der Geselligkeit von jener, die ich bis dahin von Vögeln und Säugetieren kannte, stark abwich. Während diese im sozialen Verbund einander beistehen, als Pärchen einander oft füttern und sich gegenseitig die Federn oder das Fell putzen, kurz, Freundlichkeiten erweisen, fehlten den Meerechsen jegliche Bekundungen von Verbundenheit. Wenn die Echsen aufeinander Bezug nahmen, dann taten sie das mit Verhaltensweisen des Drohimponierens, auf die die angedrohten Partner entweder mit Gegenimponieren, Ausweichreaktionen oder Verhaltensweisen der Submission reagierten.

Es war gerade der Beginn der Paarungszeit, und einzelne

Abb. 10 Meerechsenansammlung an der Küste von Fernandina (Narborough, Galápagos-Inseln). – Foto: I. Eibl-Eibesfeldt.

Meerechsen-Männchen begannen auf den Uferfelsen kleinere Reviere für sich abzugrenzen, aus denen sie andere Männchen vertrieben. Die Anwesenheit von Weibchen duldeten sie. Drang ein Rivale in ein bereits besetztes Gebiet ein, dann bedrohte der Revierinhaber den Eindringling, indem er ihm seine maximal vergrößerte Breitseite zeigte und kopfnickend mit aufgerissenem Maul, als würde er beißen wollen, vor diesem paradierte. Wich der Eindringling nicht zurück, dann kam es zum Kampf. Nach weiterem Drohimponieren mit Kopfnicken und Maulaufreißen stürzten die Rivalen aufeinander los. Aber anstatt sich ineinander zu verbeißen, senkten sie kurz vor dem Zusammenstoß ihre Köpfe, so daß sie, Schädeldach gegen Schädeldach, aufeinanderprallten. Es entwickelte sich eine Art Schiebeduell, in dessen Verlauf jeder den anderen, Schädel gegen Schädel, drückend vom Platz zu schieben trachtete. Merkte einer schließlich, daß er dem anderen nicht gewachsen war, dann setzte er sich mit einem Ruck von ihm ab und legte sich in Demutsstellung ganz flach vor seinem Gegner auf den Bauch. Der stellte dann in der Regel das Kämpfen ein und wartete in Drohstellung darauf, daß der Besiegte das Feld räumte.

Im weiteren Verlauf beobachtete ich auch das Paarungsverhalten. Die Männchen warben mit Drohimponieren. Paarungsbereite Weibchen unterwarfen sich in Demutsstellung. Das gesamte soziale Verhaltensrepertoire der Meerechsen basierte auf den Verhaltensweisen der Dominanz und Unterwerfung. Und das gilt, wie ich in den folgenden Jahren feststellen konnte, für alle heute lebenden Reptilien und dürfte demnach einen für die Landwirbeltiere ursprünglichen Zustand repräsentieren. Damals kam mir der Gedanke, der Ausgangspunkt der Fähigkeit, freundliche Beziehungen herzustellen, könnte die individualisierte Brutfürsorge gewesen sein. Diese Vermutung konnte ich seither durch vergleichende Beobachtungen bekräftigen. Im Dienste der Brutpflege entwickelten sich bei den Elterntieren die Motivation, Junge zu betreuen, das Repertoire betreuender Verhaltensweisen wie das Füttern, Wärmen, Verteidigen und Säubern der Jungen und kindlicherseits die Motivation, sich betreuen zu lassen, sowie ein Repertoire von Signalen, über die Verhaltensweisen der Betreuung ausgelöst werden können. Ferner entwickelten beide Seiten die Fähigkeit, persönliche Bindungen auszubilden.

Die im Dienste der Mutter-Kind-Beziehung entwickelten Anpassungen konnten sekundär in den Dienst der Erwachsenenbindung gestellt werden. Untersucht man bei Vögeln und Säugetieren die Verhaltensweisen des Werbens, Beschwichtigens und der Bindungsbekräftigung, dann stellt man schnell fest, daß es sich in der Mehrzahl um aus dem Brutpflegerepertoire und dem kindlichen Repertoire abgeleitete Symbolhandlungen handelt.

Viele Vögel überreichen einander beim Werben und auch, wenn sie verpaart sind, zur Begrüßung Nestmaterial. Das

Abb. 11 Das symbolische Anbieten von Nestmaterial, hier ein winziges Steinchen, im Paarungsvorspiel des Maskentölpels der Galápagos-Inseln. – Foto: I. Eibl-Eibesfeldt.

drückt ursprünglich Nestbaustimmung aus und damit die Bereitschaft, sich mit einem Partner zu verpaaren. Die funktionelle Handlung wurde dabei zu einer reinen Symbolhandlung. Bei Maskentölpeln der Galápagos-Inseln ging das Nestbauverhalten sekundär verloren, sieht man von einigen Steinchen ab, die sie auf dem Nestplatz ablegen und die vielleicht das Abrollen der Eier vom relativ glatten Fels verhindern. Bei der Balz überreichen sie einander dennoch winzige Steinchen (Abb. 11). Als Symbolhandlung des Nestbauens spielt das Steinchenüberreichen weiterhin eine wichtige, die Kontaktbereitschaft fördernde Rolle. Beim flugunfähigen Kormoran der Galápagos-Inseln überreichen die verpaarten Altvögel einander Nestmaterial zur Brutablösung. Wenn einer vom Fischen zurückkommt, bringt er seinem brütenden oder die Jungen beschattenden Partner einen Seestern, ein Ästchen oder ein Algenbüschel. Versäumt er es, mit einer Gabe anzukommen, dann wird er mit Schnabelhieben empfangen und vertrieben. Dies kann man leicht auslösen, indem man dem Herankommenden seine Gabe wegnimmt[3]. Da das normalerweise nicht passiert, sind sie an ein solches Ereignis nicht angepaßt, sie schreiten daher weiter zum Partner. Erst wenn der droht und angreift, bemerkt der Ankommende, daß etwas nicht stimmt, und sucht sich schnell ein Hölzchen, das er nun ordnungsgemäß grüßend seinem Partner überreicht. Wenn Sperlinge umeinander werben, dann verfallen sie abwechselnd in die Rolle des futterbettelnden Jungvogels: Einer bettelt wie ein Junges mit den Flügeln zitternd um Futter, worauf ihn sein Partner füttert. Dann wechseln sie meist die Rollen. Das zärtliche Schnäbeln vieler verpaarter Vögel ist ein ritualisiertes Füttern. Manche Vogelmännchen bauen in ihren Werbegesang kindliche Bettellaute ein.

Wie diese Appelle in der ersten Phase der Paarbildung wirken, beschrieb Niko Tinbergen sehr eindrucksvoll von den Lachmöwen. Bei dieser Art tragen beide Geschlechter eine schwarze Gesichtsmaske als Drohsignal. Das erschwert das Zueinanderfinden der Geschlechter. Hat ein Männchen durch Rufe ein Weibchen in sein Revier gelockt, dann löst dessen Erscheinen über das schwarze Gesicht häufig aggressive Abwehr aus. Ein Weibchen kann diese Aggressionen allerdings abblocken, indem es sich in geduckter Haltung mit kindlichem Futterbetteln dem Männchen nähert. Dann kann das Männchen gar nicht anders: Es muß Futter hochwürgen und füttern. Ein weiteres beschwichtigendes Verhalten ist das Hinterkopfzudrehen, ein betontes Wegwenden der schwarzen Gesichtsmaske, das beide in der ersten Phase der Paarbildung demonstrativ immer wieder als Beschwichtigungsgebärde ausüben. Auf diese Weise werden die Tiere miteinander bekannt, und sobald sie einander persönlich kennen, bedarf es interessanterweise dieser beschwichtigenden Verhaltensweisen nicht mehr. Persönliche

Bekanntheit blockiert oder mindert die Wirkung aggressionsauslösender Signale des Partners.

Soziale Gefieder- und Fellpflege stiftet und bekräftigt Verbundenheit bei vielen Vögeln und Säugern. Mir gelang es, mich über soziale Fellpflege mit einem scheuen Riesengalago anzufreunden. Das in meinem Zimmer frei lebende Halbäffchen wich mir immer aus, wenn ich mich ihm näherte. Aber einmal saß es günstig, und ich vermochte ihn mit meinem Zeigefinger zart an einer Schulter zu kraulen. Das Äffchen zuckte kurz, gab sich aber dann mit sichtlichem Wohlbehagen dieser Behandlung hin. Zu meiner Überraschung hob es dann einen Arm und ließ mich auch seine Achselhöhle kraulen. Von da ab war es zahm! Kam ich in seine Nähe, dann hob es oft zum Kraulen auffordernd einen Arm. Bei in Gruppen lebenden Tieren werden Aggressionen oft durch infantile Appelle abgeblockt. Rangniedere Wölfe, die von ranghohen angegriffen werden, werfen sich häufig auf den Rücken wie Welpen, die sich ihrer Mutter zur Säuberung darbieten. Sie harnen dabei häufig, was Trockenlecken auslöst. Wir können diese Verhaltensweisen auch bei Haushunden beobachten. Was als aggressive Auseinandersetzung begann, kann auf diese Weise in eine fürsorgliche Beziehung umgestimmt werden.

Auch bei uns Menschen ist der Ursprung der freundlichen Verhaltensmuster aus den fürsorglichen Eltern-Kind-Verhaltensweisen klar erkennbar: in der Umarmung und anderen Formen betreuender Berührung ebenso wie im Kuß, der sich vom Kußfüttern ableitet, einer Verhaltensweise, mit der Mütter auch heute noch in verschiedenen Kulturen in der Phase des Abstillens ihre Kleinen mit vorgekauter Nahrung zusätzlich Mund-zu-Mund füttern (auch in unserer Kultur war das früher üblich). Älteren Kindern wird die Nahrung übergeben. Dieses in der mütterlichen Fürsorge verwurzelte Füttern steht an der Basis der vielgestaltigen Rituale des Bewirtens, die Bindungen zwischen Erwachsenen bekräftigen.

Viele unserer Lebensbereiche sind durch Fürsorglichkeit gekennzeichnet, aber, wie wir wissen, keineswegs alle. Das stammesgeschichtlich alte Reptilhirn bildet noch einen faustgroßen Anteil unseres Hirns. Das Dominanzstreben wurde bei uns Menschen zwar in manchen Bereichen durch Fürsorglichkeit überlagert, doch keineswegs in allen. Selbst in der Beziehung zwischen den Geschlechtern, die sicher in erster Linie durch Fürsorglichkeit, gegenseitigen Beistand und Liebe charakterisiert ist, spielen noch Dominanz und Unterwerfung eine Rolle. Das spiegelt sich sowohl im Verhalten als auch in der Physiologie wider. So hat man festgestellt, daß Tennisspieler, die ein Match gewinnen, einen deutlichen vorübergehenden Anstieg des Bluttestosteronspiegels erleben. Verlieren sie, dann sinkt der Spiegel des männlichen Hormons im Blut deutlich ab. Entsprechendes beobachtet man bei Schachspielern, und wenn Medizinstudenten ihre Prüfung erfolgreich bestehen, erleben sie ebenfalls einen Anstieg des männlichen Hormonspiegels im Blut. Fallen sie durch, dann sinkt der Hormonspiegel vorübergehend ab (Mazur und Lamb 1980).

Über diesen hormonalen Reflex wird gewissermaßen Erfolg in einer Situation des Wettstreits, also Dominanz, belohnt. Der Anstieg des Bluttestosteronspiegels wirkt sich ja subjektiv in einem positiven Lebensgefühl aus. Auch im Geschlechtlichen gibt es so etwas wie eine Dominanzlust. Sie wird normalerweise durch Liebe und Fürsorglichkeit überlagert. In der Sexualpathologie tritt sie bei Wegfall der affiliativen Komponente und oft auch der persönlichen Bindung in Erscheinung, im Extremfall als Sadismus. Es scheint ferner ein weibliches Gegenstück hierzu als Unterwerfungslust zu geben, die sich allerdings nicht nur im weiblichen Geschlecht äußert. Aus der Sexualpathologie weiß man, daß es Männer gibt, die sich gern quälen und unterwerfen lassen. Kleptomanie gilt im wesentlichen als weibliche Deviation. Robert Stoller (1979) befragte Kleptomaninnen. Er fand heraus, daß viele von ihnen die Aufregung der Angst suchten, weil diese sie sexuell erregte, häufig bis zum Orgasmus. Nach Sheila Kitzinger (1984) spielen in den sexuellen Phantasien der Frauen Akte der Submission eine große Rolle, was allerdings nicht zur Annahme verleiten sollte, daß Frauen mit solchen Phantasien das Phantasierte auch unbedingt wünschen. Liebe und Zärtlichkeit gehören zum normalen Sexualverhalten des Menschen. Ihr Wegfall bedeutet einen Rückfall in archaische Muster. Dominanz und Unterwerfung sind demnach im menschlichen Sexualverhalten nachzuweisen, bleiben aber normalerweise der fürsorglichen Liebe untergeordnet.

In anderen Funktionszusammenhängen spielen Dominanzstreben, Unterwerfungsbereitschaft, Kampf und Flucht allerdings eine große Rolle, vor allem in der Konkurrenz um begrenzte Güter wie Land, wobei das Dominanzstreben auch instrumental (S. 123) zur Bewältigung verschiedenster Aufgaben eingesetzt wird. Wie viele andere Wirbeltiere leben auch wir Menschen in Gruppen, die sich von anderen abgrenzen und die ein Gebiet als ihr Territorium besetzen, oft symbolisch abgrenzen und bei Bedrohung verteidigen. Menschen unterscheiden bei diesem Wettstreit sehr deutlich zwischen Gruppenmitgliedern und Gruppenfremden, und dafür sind bereits im Kind angelegte Verhaltensdispositionen verantwortlich.

2. »Wir und die anderen«

Die erste Manifestation des »Wir und die anderen« können wir schon sehr früh in der Kindesentwicklung feststellen. Im Alter von sechs bis acht Monaten beginnt ein gesundes Kind zwischen ihm bekannten und ihm fremden Personen zu unterscheiden. Während die ihm vertrauten Personen Verhaltensweisen freundlicher Zuwendung auslösen, zeigen die Kinder bei der Begegnung mit Fremden eine Mischung von Verhaltensweisen der Zuwendung mit solchen deutlich angstmotivierter Meidung. Im typischen Fall lächelt das Kind den Fremden an und birgt sich dann nach einer Weile scheu an der Brust der Mutter, um danach wieder freundlichen Blickkontakt mit der ihm unbekannten Person aufzunehmen. Es verhält sich ambivalent, offenbar werden hier zwei Verhaltenssysteme gleichzeitig aktiviert: eines der freundlichen Kontaktbereitschaft – man könnte von einem affiliativen oder prosozialen Verhaltenssystem sprechen – und eines der Meidung, das dem abweisend-feindlichen (agonistischen) System zuzuordnen ist. Denn wenn sich der Fremde nähert, kann das starke Angstreaktionen auslösen, auch wenn das Kind auf dem Schoß der Mutter sitzt. Und versucht er (oder sie) gar, das Kind an sich zu nehmen, dann wehrt es sich.

Schlechte Erfahrungen mit Fremden sind keineswegs die Voraussetzung für die Entwicklung einer solchen kindlichen Fremdenscheu, und da wir sie überdies in allen daraufhin untersuchten Kulturen antreffen, dürfte es sich um eine uns angeborene universale Reaktionweise handeln. Sie kann kulturell gefördert oder gemildert werden. Ich habe von den Tasaday (Philippinen), den Yanomami (Südamerika), den Buschleuten (Südafrika) und von Menschen in vielen anderen Kulturen sinngemäß des öfteren gehört, wie eine Mutter in meiner Gegenwart ein unfolgsames Kind ermahnte, wenn es dies oder jenes nicht täte, würde der Fremde hier (»der mit den stechenden Augen«, wie eine Tasaday einmal sagte) es mitnehmen.

Nach Mario Erdheim (1997) löst »bedrohliche Abwesenheit« der Mutter »Fremdenfurcht« aus. »In seiner primitivsten Form ist das Fremde die Nicht-Mutter. Und die bedrohliche Abwesenheit der Mutter läßt Angst aufkommen. Angst wird auch später mehr oder weniger mit dem Fremden assoziiert bleiben, und es bedarf immer einer Überwindung, um sich dem Fremden zuzuwenden« (S. 103). An dieser Aussage ist richtig, daß die kindliche Fremdenscheu funktionell die Mutter-Kind-Bindung absichern hilft. Ein

Kind zeigt bei Annäherung des Fremden jedoch auch dann Scheu, wenn es auf dem Schoß der Mutter sitzt. Diese als »Trennungsfurcht« zu beschreiben, wie es oft geschieht, ist insofern problematisch, als das dem Säugling unterstellt, er würde die Situation so interpretieren. Aber darüber, was der Säugling erlebt und denkt, können wir keine Aussage machen. Außerdem löst ein Fremder nicht nur Meidereaktionen aus, sondern auch deutliche Anzeichen sozialer Kontaktbereitschaft wie Lächeln und Blickkontakt. Alle solche Reaktionen scheinen ganz unreflektiert spontan aufzutreten als Ausdruck einer klaren Ambivalenz (Abb. 12a–b).

Offenbar ist der Mensch Träger von Merkmalen, die sowohl Zuwendung wie Abkehr auslösen. Das Verständnis der letzteren reift offenbar bereits während des Säuglingsalters heran. Die Fremdenscheu sichert die Bindung des Kindes an die Mutter ab, was ja überlebenswichtig ist. Ein Kleinkind, das sich leicht Fremden anschlösse, brächte sich wohl in große Gefahr. Die kindliche Xenophobie ist auch bei vielen nichtmenschlichen Primaten ausgeprägt. Beim Menschen wird sie über persönliches Bekanntwerden abgebaut. Sie neutralisiert bis zu einem gewissen Grad die Wirkung angstauslösender Signale.

Bei normalsichtigen Kindern ist es vor allem der Blickkontakt, der Angst auslöst. Untersuchungen von W. Waters, L. Matas und W. A. Sroufe (1975) haben gezeigt, daß die Herzschlagfrequenz bei Blickkontakt zunimmt. Die Kinder können aber durch Wegschauen ihren Erregungsspiegel manipulieren. Blickkontakt signalisiert Kontaktbereitschaft. Er wird als Zuwendung interpretiert, als Mitteilung, daß die Kanäle für die Kommunikation offen sind. Allerdings dürfen wir den Partner nie zu lange anschauen, denn sonst empfindet er dies als Anstarren, und das wirkt als Ausdruck der Dominanz bedrohlich. Es sei in diesem Zusammenhang darauf hingewiesen, daß Augendarstellungen an Schiffen, Gebäuden und anderen Artefakten angebracht werden, um diese vor bösen Geistern und anderem Übel zu schützen. Wenn

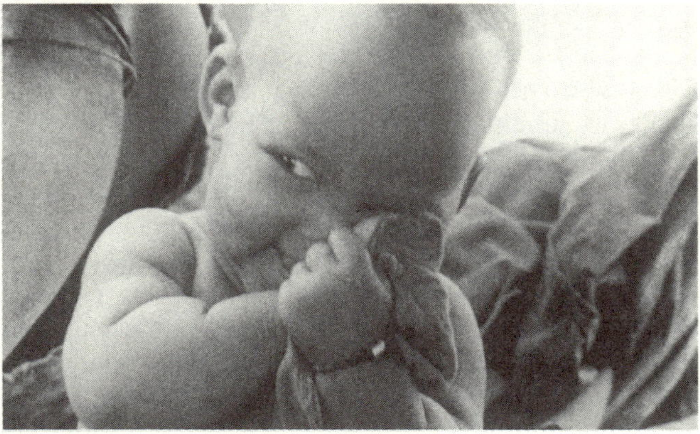

Abb. 12 a) Die Ambivalenz von Zuwendung und Abkehr im Flirt einer jungen Inderin. Sie hält einen Sonnenschirm in der Hand, hinter dem sie sich wie schutzsuchend verbirgt. b) Die Überlagerung von Verhaltensweisen der Zuwendung (Blickkontakt, Lächeln) mit Verhaltensweisen der Abkehr (Körperorientierung) bei einem weiblichen Säugling der G/wi-Buschleute (Zentrale Kalahari) bei Kontakt mit einem Fremden, der sich links seitlich von ihm befindet. Typisch ist auch das Verbergen des Lächelns durch die vorgehaltenen Hände. – Fotos: I. Eibl-Eibesfeldt (aus einem 16-mm-Film).

zwei Menschen sich unterhalten, dann bricht der Sprechende immer wieder den Blickkontakt ab. Nur der Zuhörende darf sein Gegenüber dauernd anschauen, er muß ja an nichtverbalen Zeichen erkennen, wann ihm die Rede übergeben wird. Auch taub und blind geborene Kinder zeigen Fremdenscheu, sie reagieren dabei auf geruchliche Merkmale.

Die Fremdenscheu ist gewissermaßen Ausdruck eines Urmißtrauens, das über Bekanntwerden abgebaut wird. So lernt das Kind zunächst, zu den übrigen Familienmitgliedern eine Vertrauensbeziehung herzustellen und dann zu den weiteren Freunden und Bekannten der Familie. Die Engländer haben für diesen Prozeß des Bekanntwerdens den sehr treffenden Ausdruck *familiarisation*. Über ihn werden Menschen durch persönliche Bekanntheit zu quasi familialen Wir-Gruppen verbunden, die sich mit einer gewissen Scheu gegen andere Gruppen abgrenzen.

Die altsteinzeitlichen Jäger- und Sammlervölker lebten in solchen kleinen Lokalgruppen, die selten über 50 Personen zählten. Untersuchungen über das Zusammenleben von Völkern, die noch heute oder bis vor kurzem in Kleinverbänden lebten, zeigen, daß in derartigen Gemeinschaften Äußerungen repressiver Dominanz unterdrückt und fürsorgliche Verhaltensmuster gefördert werden. Personen von Ansehen, die es auch in solchen Gesellschaften gibt, beziehen ihre hervorgehobene Stellung im wesentlichen dank ihrer sozialintegrativen Fähigkeiten. Sie schlichten Streit, stehen Schwächeren bei, teilen und tragen so und auf andere Weise zum sozialen Frieden bei. Sie zeigen überdies meist noch besondere Begabungen als Sprecher für die Gruppe, als Kriegsführer oder Heiler. Aber es ist vor allem das prosoziale Geschick, das ihre Stellung bestimmt. An solche Personen wenden sich die übrigen Gruppenmitglieder, wenn sie Rat oder Schutz suchen. Sie orientieren sich nach ihnen, was das Wort *Ansehen* treffend beschreibt. Verlieren diese Personen ihr soziales Geschick, dann verlieren sie auch ihr Ansehen.

Barbara Hold (1976) hat in Kindergärten verschiedenen Erziehungsstils in Deutschland und Japan sowie in Kindergruppen der Buschleute Selbstorganisationsprozesse untersucht und festgestellt, daß auch hier die Kinder, die Spiele organisieren können, Streit schlichten, Schwächere schützen und mit den anderen teilen, Ansehen genießen. Ihnen zeigen die anderen Kinder Dinge, an sie wenden sie sich, und zählt man aus, wer von den Kindern am häufigsten von den anderen angeschaut wird, dann findet man auch schnell heraus, wer »Ansehen« genießt.

Natürlich gibt es auch in der individualisierten Kleingesellschaft einzelne, die sich über Prahlerei und mit der Hilfe ihrer Ellenbogen über andere erheben wollen. Wie wir ausführten, ist die Neigung zu repressivem Dominanzstreben uns Menschen angeboren. Sie wird aber in den individualisierten Kleingesellschaften nicht geduldet. Ein Buschmann der Zentralen Kalahari, der mit seinem Jagderfolg prahlt, wird von den anderen zurechtgewiesen. Das meint man wohl, wenn man diese Gesellschaften auch als egalitär bezeichnet. Der Normierungsdruck ist sehr stark.

Repressive Dominanz wird nur gegen Gruppenfremde geduldet, und in einigen traditionellen Kulturen genießt der erfolgreiche und mutige Krieger Ansehen. Die Neigung, repressive Dominanzbeziehungen zu Gruppenfremden herzustellen, schließt Bündnisse zwischen Gruppen nicht aus. Im Gegenteil, es ist ein Merkmal des Menschen, daß er dies kann. Aber Bündnisse zerbrechen leicht, wie die Geschichte lehrt; Opportunismus geht über Bündnistreue, und daher geben sich Menschen im Auftreten gegenüber Vertretern anderer Gruppen eher förmlich-zurückhaltend. Vor allem meiden sie es, Zeichen von Schwäche zu zeigen, da dies die anderen zu Dominanzverhalten verleiten könnte. Man gibt sich daher im Umgang mit Fremden und weniger gut Bekannten gern selbstsicher und stark, aber nicht provokant, es sei denn, man sucht Händel. Im allgemeinen verbindet man die Verhaltensweisen oft aggressiver Selbstdarstellung mit beschwichtigenden und bandstiftenden Appellen (Eibl-Eibesfeldt 1970).

Die Fähigkeit, auf der Grundlage persönlicher Bekanntheit größere Familien und Sippenverbände zu bilden, führte zur Bildung individualisierter kleiner Lokalgruppen, die sich von anderen, ähnlich organisierten abgrenzten. Sippenselektionistisch entwickelte Verhaltensweisen der Gruppenbindung erweisen sich dabei so effektiv, daß schließlich auch Gruppenmitglieder, die nicht unmittelbar als Blutsverwandte zu einer Familie gehörten, mit Hilfe unterstützender kultureller Einrichtungen in der Lage waren, sich mit anderen Mitgliedern zu solidarisieren, so daß die Gruppen in bestimmten Situationen, etwa im Kriegsfall, als Einheiten auftreten und handeln konnten. Damit wurden Gruppen, zusätzlich zu den Einzelpersonen und Sippen, übergeordnete Einheiten der Selektion, denn schließlich entschieden Sieg und Niederlage oft in dramatischer Weise über ihr Schicksal.

Bindungen werden bei uns Menschen auf allen Ebenen durch Teilen, Geben und andere Formen des reziproken Altruismus gefestigt. Das Schrifttum zur Evolution des reziproken Altruismus in der ethologischen und anthropologischen Fachliteratur ist umfangreich und kann hier nicht im einzelnen referiert werden. Bemerkenswert sind soziale Netzwerke auf der Basis eines verzögerten reziproken Gabentausches, der der sozialen Absicherung dient. Sie stellen gewiß eine der wichtigsten kulturellen Erfindungen in der sozialen Evolution unserer Spezies dar. Wir finden sie bereits in den kleinen auf Sippenbasis begründeten Gemeinschaften. Eines der am besten analysierten Beispiele ist das reziproke Austauschsystem Xharo der Kalahari-!Kung (Wiessner 1977, 1982). Dort pflegt jeder erwachsene Mann und jede erwachsene Frau Beziehungen mit durchschnittlich sechzehn Tauschpartnern, die sich über ein weites Areal, 20 bis 200 Kilometer vom Tauschpartner, verstreuen. Die Tauschpartner erhalten Geschenke und erwidern diese mit einer gewissen Verzögerung. Das festigt einen ungeschriebenen Kontrakt, der es den Tauschpartnern erlaubt, einander zu besuchen und in Zeiten der Not auch im Gebiet des Tauschpartners zu jagen und zu sammeln. Gegenseitige Hilfe ist damit gesichert. Wiessner konnte die Wirksamkeit dieser Art Sozialversicherung während der Hungersnot im Jahre 1974 studieren. Als Geschenke werden Perlarmbänder, Pfeilspitzen und in neuerer Zeit auch Objekte wie Decken ausgetauscht. Die Kosten, die jemand aufwendet, um sie zu erwerben oder herzustellen, sind bemerkenswert; im Durchschnitt beträgt der zeitliche Aufwand 15 Tage pro Jahr, um die Tauschobjekte herzustellen oder zu erwerben. Die Tauschnetzwerke dienen sowohl der sozialen Absicherung als auch dem Handel. Entwickeln sich größere Gesellschaften, dann werden die Netzwerke weiter ausgebaut, um weiter ausgedehnte Populationen zu Solidargemeinschaften zu vereinen.

Die Fähigkeit, solche Netzwerke aufzubauen, gründet sich auf einige universale Prädispositionen wie die fürsorgliche Motivation und die ihr zugehörigen affiliativen Verhaltensweisen, ferner die Fähigkeit, zu symbolisieren. Für die bindende Funktion des Gebens ist die universale Objektbesitznorm und die Veranlagung zur verzögerten Reziprozität Voraussetzung. Dazu kommt noch die Fähigkeit, auch nicht Verwandte oder nur entfernt Verwandte in das familiale Verhalten einzubeziehen. Das geschieht insbesondere durch den Aufbau fiktiver Verwandtschaftsbeziehungen über Heirat.

Eine bemerkenswerte Eigenschaft der menschlichen Sozialorganisationen betrifft die männliche Gruppensolidarität, eine Erscheinung, die Lionel Tiger (1969) ausführlich erörterte. Eine Vorbedingung für ihre Evolution könnte die *Virilokalität* gewesen sein. In der Mehrzahl der sippenbegründeten Gesellschaften bleiben die Männer gewöhnlich in ihrer Lokalgruppe und innerhalb ihres Territoriums, während Frauen oft abwandern. Ein ähnliches Muster finden wir übrigens bei unseren nächsten Tierverwandten, den

Schimpansen, bei denen die Männchen ebenfalls in dem Territorium bleiben, in dem sie geboren wurden. Nur Weibchen können während ihrer ersten Brunst zu anderen Gruppen abwandern und damit ihre Gemeinschaft wechseln. Die Männchen einer Lokalgruppe der Schimpansen sind daher in der Regel nahe Blutsverwandte, und die männliche Solidarität fördert die Gesamteignung. Bei unseren frühen Vorfahren könnten ähnliche Verhältnisse vorgelegen haben. Selbst heute noch neigen Männer dazu, bei der Gruppe ihrer Geburt zu bleiben, während Frauen öfter mit der Heirat auch den Ortswechsel vollziehen. Aber die Solidarität der Frauen zu ihrer Geburtsgruppe bleibt erhalten, und das erlaubt es, über die Verwandten der Frau wechselseitige Beziehungen zu Mitgliedern anderer Gruppen herzustellen. Solche Allianzen, die vielfach dazu dienen, eine Vielfalt von Risiken aus der Natur und dem sozialen Umfeld zu reduzieren, sind eine wichtige Voraussetzung für die Herstellung von Zwischengruppenallianzen (Wiessner 1977, 1982; Winterhalder 1986; Smith 1988).

Mit der Unterscheidung des »Wir und die anderen« kam eine neue Qualität sozialen Verhaltens in die Welt und ein neues Potential für die weitere Evolution. Mitglieder der gleichen Art wurden je nach Nähe oder Distanz als Freund oder Gegner unterschieden. Agonistische Verhaltensweisen sind sehr alt, wir erwähnten die Rivalenkämpfe der Meerechsen. Reptilien kennen jedoch nur »andere«, und zwar sowohl als potentielle Fortpflanzungspartner wie auch als Rivalen. Die Fähigkeit, eine Wir-Gruppe von den »anderen« zu unterscheiden, finden wir erst bei den Vögeln und Säugern[4]. Diese neue Fähigkeit drückte sich in einer Vielfalt von Erscheinungsformen aus: in der Paarbindung, der Familie, den individualisierten Gruppen des Menschen, ja selbst in den anonymen Großgesellschaften, den Nationen. Die fürsorglichen, affiliativen Verhaltensweisen der Bindung und die Exklusivität, die mit ihr einherging, brachten ein neues evolutionäres Potential in die Welt.

Beim Menschen knüpfen Bande der Freundschaft und Zugehörigkeit die Mitglieder der individualisierten Gruppe in einer Art Urvertrauen aneinander. Im Kontrast dazu begegnet man Fremden mit einem gewissen Mißtrauen. Xenophobie ist bekanntlich ein universales Phänomen (Reynolds et al. 1986; Eibl-Eibesfeldt 1989). Ich möchte jedoch betonen, daß man die Fremdenfurcht nicht verwechseln darf mit Fremdenhaß, der ein Ergebnis spezieller Indoktrination ist. Wir müssen allerdings zur Kenntnis nehmen, daß das Urmißtrauen Fremden gegenüber unsere Wahrnehmung mit einem Vorurteil belastet, so daß eine negative Erfahrung mit einem Fremden uns im allgemeinen mehr beeindruckt als eine Vielzahl positiver Erfahrungen. Im Wettstreit mit Fremden neigen wir dazu, repressive Dominanzbeziehungen herzustellen. Die primäre Gefühlsethik gegenüber Fremden ist sicher sehr von der Gefühlsethik gegenüber eigenen Gruppenmitgliedern unterschieden.

Das menschliche Sozialverhalten ist in dieser Weise durch eine fundamentale Ambivalenz dem Mitmenschen gegenüber gekennzeichnet. Verhaltenstendenzen der Meidung und der Kontaktbereitschaft werden gleichzeitig aktiviert, wobei sich die Stärke dieser Tendenzen auf einer gleitenden Skala von Fremd nach Bekannt, vom Agonistischen zum Affiliativen verschiebt. Die agonistischen Verhaltenstendenzen repressiven Dominanzstrebens sind, wie schon ausgeführt, altes Landwirbeltiererbe. Am menschlichen Hirn hat das Reptilhirn immerhin noch beträchtlichen Anteil (Bailey 1987). Ich möchte an dieser Stelle ein weiteres Mal daran erinnern, daß die alten Dominanz- und Unterwerfungsmechanismen auch beim Menschen noch wirksam sind, was sich unter anderem darin bemerkbar macht, daß bei Erreichen einer Dominanzposition beim Mann über Ausschüttung des männlichen Sexualhormons ins Blut eine Art physiologischer Belohnung erfolgt, die, wie wir bereits ausführten, Vitalität und Selbstgefühl bekräftigt. Sie können aber, wie wir schon zeigten, durch die dem Mutter-

Kind-Bereich entstammenden fürsorglich-bindenden Verhaltensweisen und Motivationen gebändigt werden.

Für den individualisierten Kleinverband, in dem jeder jeden kennt, gilt, daß sich keiner über andere erheben darf (Wiessner 1995). Das heißt nicht, daß es in diesen Gruppen keine Rangordnungen gibt, aber sie gründen sich nicht auf repressive Dominanz, sondern auf prosoziale Eigenschaften und werden am besten als »Ansehen« charakterisiert. Personen, die sich durch prosoziales Geschick auszeichnen, sind es, nach denen man sich richtet, denen man Aufmerksamkeit schenkt. Verlieren sie die soziale Kompetenz, dann verlieren sie auch ihr Ansehen, und man orientiert sich nicht mehr an ihnen. Da Frauen besonderes Geschick im sozialen Umgang mit anderen haben und viel zur freundlichen Pflege sozialer Beziehungsnetze beitragen, genießen auch sie in dieser Hinsicht besonderes Ansehen, hier wieder besonders ältere, erfahrene Frauen. Daß nach außen hin Männer für den Beobachter mehr in Erscheinung treten, rührt daher, daß Männer im Zusammenhang mit ihrer territorialen, abgrenzenden Funktion die Gruppe nach außen vertreten. Als männlicher Besucher begegnet man zuallererst ihnen.

Von der repressiven, nach außen gerichteten Dominanz ist eine prosoziale Dominanz zu unterscheiden. Bereits im Tierreich führen die Eltern, die Jungen folgen ihnen. Für uns Menschen gilt das natürlich in besonderem Maß, denn das Menschenkind ist besonders lange von der Fürsorge der Eltern abhängig. Die Eltern, hier insbesondere die Mütter, sind Fluchtziel. Sie nähren und unterweisen, und da viel Wissen an die nächste Generation weitergegeben werden muß und jedes Kind sehr viel zu lernen hat, ist beim Kind eine deutliche physiologische und körperliche Entwicklungsverzögerung festzustellen. Der Mensch erreicht seine Geschlechtsreife im Vergleich zu anderen Primaten ziemlich spät und verharrt bis dahin auf einem kindlichen Entwicklungszustand, der es den Eltern physisch wie psychisch ermöglicht, Kinder zu betreuen, zu führen, zu unterweisen und sie auch bei Fehlverhalten in die Schranken zu weisen. Erst in der Pubertät kommt es zu einem dramatischen Entwicklungsschub mit einer gewissen Emanzipation des Kindes, die in einer Loslösung von der mütterlichen oder elterlichen Dominanz besteht.

Hier treten allerdings in modernen Gesellschaften oft auch Störungen auf, wenn das Bedürfnis, zu betreuen, das besonders bei Müttern stark ausgeprägt ist, nicht durch das Betreuen noch vorhandener jüngerer Kinder oder der ersten Enkel abgefangen wird. Das ist in der kinderarmen anonymen Großgesellschaft unserer Tage, die außerdem durch ihre Mobilität Sippenverbände auseinanderreißt, ziemlich oft zu beobachten. Auch in der ehelichen Gemeinschaft kann sich die partnerschaftliche Fürsorglichkeit bisweilen zur fürsorglichen Dominanz auswachsen. Freundlichkeiten und Aufmerksamkeiten werden dann eventuell zur Bedrängnis (oder auch nur als solche empfunden).

3. Territorialität, Krieg

Menschen grenzen sich in der Regel in Gruppen unterschiedlicher Größe von anderen Menschengruppen ab, und sie nehmen bereits auf der Stufe altsteinzeitlicher Wildbeuter Jagd- und Sammelgebiete, Wasserstellen und ähnliche begrenzte Ressourcen in Besitz, die sie notfalls auch gegen andere verteidigen. Im allgemeinen entwickeln sich jedoch Konventionen, die zur Achtung von Landrechten führen. Die Art und Weise, wie territoriale Rechte gesichert werden, erfährt der speziellen ökologischen Situation entsprechende kulturelle Abwandlungen. In den Trockengebieten Australiens, wo die einzelnen Lokalgruppen über ein großes Gebiet verfügen müssen, kann eine Gruppe ihr Gebiet nicht dauernd patrouillieren. Hier dienen heilige Stätten als Platzhalter. Sie stammen dem Glauben der Zentralaustralier zufolge von Totem-Ahnen ab, deren Geister auch heute noch über das betreffende Gebiet wachen. Diese symbolischen Zentren der Territorien sind absolut tabu. Da alle fest an die Totem-Ahnen glauben, werden territoriale Übergriffe tunlichst vermieden. Außerdem sorgt jede Gruppe durch besondere Rituale für das Gedeihen der Totemtiere einer Gruppe, die als Nahrung für alle wichtig sind. Würde man eine Gruppe vertreiben, dann gäbe es dieses Jagdwild nicht mehr. Auch das schützt die Territorien.

Bei den afrikanischen Buschleuten (G/wi, !Ko, Nharo) gibt es unterschiedliche Manifestationen der Territorialität, die E. A. Cashdan (1983) zu deren spezieller Ökologie in Beziehung setzt. Auf welche Weise territoriale Rechte gesichert werden, das wechselt – aber an der Tatsache, daß Menschen nicht erst mit der Feldbestellung und Tierzucht Gebiete für sich beansprucht haben, kann man nach den mittlerweile reichlich vorliegenden Erhebungen nicht mehr zweifeln. Ich betone dies, weil in den sechziger Jahren die Hypothese vertreten wurde, daß die Jäger- und Sammlerkulturen nichtterritorial und friedlich gelebt hätten und jene, die noch existieren, das auch noch heute täten (Lee und DeVore 1968). Diese Offenheit, wurde ferner behauptet, sei auch für die uns nächsten Tierverwandten, die Schimpansen, typisch und sei ein zusätzliches Indiz für die ursprüngliche Friedfertigkeit des Menschen (Reynolds 1966). Mittlerweile hat man die Buschleute der Kalahari näher kennengelernt, und selbst aus den neueren Beschreibungen von Richard B. Lee (1979) kann man entnehmen, daß Buschleute über Landrechte und Rechte an Ressourcen verfügen und auch darauf achten, daß diese von anderen respektiert werden. Man weiß auch, daß sie ihre Reviere bis in die Gegenwart verteidigt haben. Auf ihren alten Felsmalereien kann man sehen, wie sich Buschmanngruppen schon früh mit Pfeil und Bogen bekämpften (Abb. 13). Auch die Geschichte von den friedlichen Schimpansen hielt einer kritischen Überprüfung nicht stand (Eibl-Eibesfeldt 1975, 1997). Ich weise darauf hin, weil immer wieder auch in der angesehenen Tagespresse Artikel erscheinen, die die Territorialität als etwas rein Kulturelles betrachten. Selbst Nomaden wandern nicht uneingeschränkt, sondern entlang bestimmter Routen, etwa im Jahreszyklus bestimmte Weiden besuchend oder bestimmte Fangplätze für Fische, deren Zugänglichkeit wieder auf verschiedene Art geregelt sein kann.

Kollektive Verteidigung der Reviere und Gruppenaggressionen finden wir bereits bei einigen in Gruppen lebenden Affen. Sehr ausgeprägt ist sie bei Schimpansen, bei denen Männchen in Gruppen die Reviergrenzen patrouillieren und dabei auch Überfälle auf Mitglieder benachbarter Gruppen machen. Es gibt also Vorläufer für die für uns Menschen charakteristische kollektive Gruppenaggression.

Die Konkurrenz zwischen Gruppen um begrenzte Ressourcen wie kultivierbares Land oder Jagdgebiete wurde bei uns oft in kämpferischer Weise ausgetragen. Solche Kämpfe endeten dann mit der Vertreibung, Unterjochung oder der physischen Vernichtung des Gegners.

Der Krieg, definiert als strategisch geplante, von besonders ausgewählten Männern angeführte und unter dem Einsatz destruktiver Waffen durchgeführte Gruppenaggression, ist jedoch ein Ergebnis der kulturellen Evolution, die zwar angeborene Verhaltensdispositionen in ihre Dienste nimmt, sie aber kulturell auf besondere Weise gewichtet und ausgestaltet. So wird zum Beispiel der Einsatz der Krieger für die Gemeinschaft besonders hoch bewertet. Auch werden Feinde durch Indoktrination zu minderwertigen oder bösen Menschen erklärt, ja selbst zu Nichtmenschen, die es auszurotten gilt. Die Wirksamkeit mitleidheischender Gebärden der Unterwerfung wird so verringert bis ausgeschaltet. Dazu tragen noch wenig untersuchte physiologische Prozesse bei, die bei den Kriegführenden geänderte Bewußtseinszustände verursachen.

Die Auseinandersetzungen zwischen zwei verfeindeten Gruppen der Enga auf Neuguinea beginnen zum Beispiel

a

b

wie ein Sportereignis[5]. Die Kontrahenten stehen einander auf einer Lichtung gegenüber und verhöhnen einander, von ihren Schilden gedeckt. Dann fliegen die ersten Pfeile, und eine große Erregung erfaßt die beiden Gruppen. Sie rücken gegeneinander vor, und einzelne Personen scheinen wie

Abb. 13 Der Krieg kam nicht erst mit dem Ackerbau in die Welt. Auch Jäger- und Sammlervölker praktizierten ihn, wie die Felsmalereien der Buschleute in den Drakensbergen belegen, die aus der Periode vor dem Kontakt mit dem Europäer stammen. Die hier gezeigten Felsmalereien befinden sich auf der Farm Godgegeven bei Warden in Südafrika. Die Aufnahmen a) und c) zeigen jeweils zwei einander bekämpfende Buschmanngruppen, die Aufnahme b) wohl eine innerethnische Auseinandersetzung. Die Buschleute kämpfen gegen einen dunkleren, gedrungeneren Menschentypus. Einer trägt in der Hand eine Waffe (Faustkeil?). – Fotos: I. Eibl-Eibesfeldt.

weggetreten. Sie scheinen in diesem veränderten Bewußtseinszustand weniger gehemmt, wie in einer Art Rausch, der wahrscheinlich auf die Wirkung des in diesem Zustand verstärkt ausgeschütteten Hirnopioids Endorphin zurückzuführen ist. Wird einer von einem Pfeil getroffen, dann merkt er das wohl, und er zieht sich zurück, aber er scheint keine starken Schmerzen zu empfinden – die kommen erst später, wenn seine Verletzung von den anderen behandelt wird. Daher assoziiert er den Schmerz nicht unmittelbar mit dem Kampfgeschehen, was eine Abdressur kriegerischen Eifers verhindert. Interessant ist, daß die Krieger in der Phase des Endorphinrausches auch Massaker begehen; später befragt, leugnen sie, daß sie sich so verhalten hätten (wie Polly Wiessner mir mitteilte, die lange bei den Enga weilte). Ob es sich hier um echte Amnesien oder um Verdrängungen handelt, kann man nicht feststellen. Wahrscheinlich wirkt beides zusammen, wobei der Wunsch nach Verdrängung interessant ist, weist er doch darauf hin, daß durchaus Tötungshemmungen vorhanden sind.

Bereits Freud macht darauf aufmerksam, daß im Verhalten gegenüber Feinden offenbar nicht nur feindselige Gefühle wirksam seien, sondern auch freundliche. Er schloß dies aus der Tatsache, daß erfolgreiche Krieger in verschiedensten Kulturen Säuberungsrituale absolvieren müssen, weil sie als unrein gelten. Da diese Rituale oft schmerzvoll sind und mit Entbehrungen verbunden, sind sie Sühneritualen gleichzusetzen. Wir kennen sie in der Tat von vielen Kulturen. Helena Valero beschrieb sie zum Beispiel von den Yanomami des Oberen Orinoko (Biocca 1970), unter denen sie viele Jahre als weiße Gefangene lebte. Sie erzählt auch, wie die Gruppe, bei der sie lebte, einmal eine andere überfiel und dabei ein Massaker unter Frauen und Kindern anrichtete. Sie diskutierten danach, ob es richtig gewesen sei, das zu tun, und zwar mit dem Ausdruck deutlich schlechten Gewissens. Sie beruhigten sich damit, daß sie ja nicht alle umgebracht hätten und die Frauen wieder Kinder kriegen würden. Überdies sei es notwendig gewesen, da ja sonst die Buben zu waffentüchtigen Kriegern herangewachsen wären, die Rache nehmen könnten.

Der Krieg ist eine Hochrisiko-Strategie, und wir beobachten daher, daß sich im Laufe der menschlichen Geschichte Konventionen entwickeln, die ähnlich wie bei den Kommentkämpfen der Tiere das Risiko beim Kräftemessen mindern. Allerdings hinken bei der rasanten Entwicklung der technischen Mittel die Konventionen immer hinter der

Waffentechnik her, wie wir das bis in die Gegenwart beobachten können. Der Krieg steckt sicher nicht in unseren Genen, aber als kulturelle Anpassung nützt er angeborene agonistische Dispositionen und unterdrückt die prosozialen Dispositionen dem Feind gegenüber. Er hat insofern mit den Genen zu tun, weil es die Gene der Siegreichen sind, die bevorzugt weitergegeben werden. Als eine kulturell entwickelte Methode des Wettstreits gestattet er Gruppenselektion, das haben kürzlich Untersuchungen über die Kriege in Neuguinea durch J. Soltis, R. Boyd und P. J. Richerson (1995) bestätigt. Die Gruppenausrottung, von der sie berichten, ist beachtlich, obgleich die Autoren betonen, daß viele der Besiegten und ihres Landes verlustig Gegangenen als Flüchtlinge absorbiert wurden. Wir können auch in solchen Fällen davon ausgehen, daß der Verlust der Ressourcen die Überlebenstüchtigkeit der Verlierer nicht gerade förderte.

Bis vor kurzem wurde das Konzept der Gruppenselektion von den meisten Fachleuten abgelehnt, aber sie wurde als Möglichkeit auch nicht ausgeschlossen. E. O. Wilson (1975) wies darauf hin, daß durch Indoktrination geschaffene Konformität Gruppen so eng zusammenschließen könne, daß sie zu Einheiten der Selektion würden. Würde andererseits die Konformität geschwächt, dann stürben Gruppen unter Umständen auch aus. »Gemeinschaften, die eine höhere Frequenz von konformen Genen haben, würden solche, die verschwinden, ersetzen und damit die durchschnittliche Frequenz in den Metapopulationen der Gesellschaften ... Die Gene könnten von der Art sein, die die Indoktrinierbarkeit des Menschen fördern, selbst auf Kosten der Individuen« (Wilson 1975, S. 562).

Ich stellte unabhängig davon die These auf, daß mit der individualselektionistischen Entwicklung der individualisierten Bindung und einiger anderer Anpassungen im Dienste der Brutfürsorge Verhaltensweisen gewissermaßen als Voranpassungen zur Verfügung standen, die es erlauben, auch nicht Blutsverwandte in Gruppen so zu binden, daß Gruppenselektion wahrscheinlich wird – vorausgesetzt, daß die in geschlossenen Großgruppen Vereinten genetisch näher miteinander verwandt sind als mit anderen. Kulturenvergleichende Untersuchungen belegen die Existenz von kulturellen Strategien, die es Gruppen erlauben, als Einheit aufzutreten, selbst wenn dies gegen die Interessen vieler Individuen geht. Die Kriegsethik, die Indoktrinierbarkeit des Menschen mit Werten der Gruppe und die Ethik des Teilens scheinen schwer allein auf der Basis der Individualselektion erklärbar zu sein (Eibl-Eibesfeldt 1982). Wir werden auf das Phänomen der Indoktrination im folgenden noch genauer eingehen.

Bis zum heutigen Tag beobachten wir, daß Menschen im großen wie im kleinen auf Gruppenbasis kriegerisch und wirtschaftlich scharf miteinander konkurrieren. Der Krieg steckt, wie gesagt, nicht in unseren Genen, er fördert aber die Verbreitung der Gene der Sieger, wir sind alle Nachfahren erfolgreicher Krieger. Mit dieser Wirklichkeit müssen wir uns auseinandersetzen, wenn wir eine friedlichere Weltgemeinschaft wollen. Der Krieg ist eben nicht, wie manche behaupten, nur eine pathologische Entgleisung einer im Grunde friedlichen Menschennatur. Er ist ein kulturell entwickelter Mechanismus im Dominanzwettstreit um Territorien und andere Ressourcen. Wenn wir den Krieg aus der Welt schaffen wollen, müssen wir darüber nachdenken, welche Konventionen wir dazu entwickeln müssen und wie wir die Konkurrenz entschärfen können. Eine Voraussetzung für friedliche Koexistenz wäre, daß alle Staaten sich verpflichten, ihre Bevölkerung nicht über die Tragekapazität ihres Landes hinaus wachsen zu lassen.

4. Der Weg in die Großgesellschaft

In der Konkurrenz der traditionellen Kleingruppen haben jene Vorteile, die es schaffen, mehr Menschen in einer Solidargemeinschaft zusammenzuhalten als ihre Widersacher, und die darüber hinaus auch in der Lage sind, sich mit anderen dauerhaft zu verbünden (wir erwähnten Kriegsbündnisse). Dauerhafter sind Vernetzungen der Gruppen über Heiratsbindungen und über die ebenfalls sehr alten Formen der zur sozialen Absicherung auf individueller Basis entwickelten sozialen Netzwerke (wir erwähnten den reziproken Geschenketausch). Bei den Himba, die als Rinderhirten der Trockensavanne den Norden Namibias und den Süden Angolas bewohnen, stellt das Okuumba-Verleihsystem eine vergleichbare Absicherung für Notzeiten dar. Es funktioniert wie ein Bankguthaben: Man gibt an eine befreundete andere Gruppe Rinder zur Pflege ab. Die Rinder verbleiben als Besitz dem ursprünglichen Besitzer, ihre Nutzung hat jedoch der, dem sie überlassen wurden. Die Milch kann von diesem verbraucht werden, und die Weiterzucht wird nach einem vereinbarten Schlüssel (Zinsen) geteilt. In Notzeiten kann eine Gruppe, die ihr Vieh verloren hat, wieder auf die verliehenen Rinder zurückgreifen.

Diese gruppenübergreifenden Absicherungssysteme auf Gegenseitigkeit überwinden die Kleingruppe, aber sie schaffen noch keine einheitliche größere Solidargemeinschaft. Sie können jedoch die Bildung von solchen fördern. Auf der kulturellen Entwicklungsstufe der Jäger und Sammler ist die Zahl der Menschen, die an einem Ort versorgt werden können, schon aus ökologischen Gründen begrenzt. Auf die gleiche Fläche bezogen ist die für Menschen verwertbare Produktion an Eiweiß und Kohlehydraten weiter gestreut und daher geringer als bei Kulturen, die Haustiere züchten und Land kultivieren. Außerdem müssen Jäger und Sammler ihr Wild erjagen. Bei starker Bejagung weicht das Wild jedoch aus und wird scheu. Es bedarf größerer Anstrengung, um das begehrte tierische Eiweiß zu erjagen, ein Faktor, der zum Beispiel bei den Yanomami (Regenwald-Indianern am Oberen Orinoko) zu Irritationen und schließlich zu Konflikten sowohl zwischen den verschiedenen Lokalgruppen als auch innerhalb derselben führt (Good 1995). Die Gruppengröße wird auf der Kulturstufe des Wildbeuters schließlich auch dadurch begrenzt, daß die Sozialkontrolle einer Gesellschaft ohne Führungshierarchien, die nur über das Band persönlicher Bekanntheit zusammengehalten wird, mit zunehmender Größe der Gruppe immer schwieriger wird. Neigungen zu repressiver Dominanz, die durch persönliche Bekanntheit normalerweise unterdrückt wird, beginnen sich bemerkbar zu machen. Bei den Yanomami, einer Übergangskultur vom Wildbeuter zum Gartenbauer, spaltet sich eine Gruppe, wenn sie eine Kopfzahl von 100 bis 150 Personen erreicht hat.

Mit der Entwicklung von Viehhaltung und Landbestellung erhöht sich die Tragekapazität eines Gebietes, und das gestattet die Bildung größerer Gemeinschaften, was im Kriegsfall von Vorteil ist. Allerdings verstärken sich mit zunehmender Gruppengröße und der damit zunehmenden Anonymität ihrer Mitglieder die internen Schwierigkeiten. In einer anonymen Gemeinschaft neigen Menschen zu größerer Rücksichtslosigkeit. Es bedarf einer Führung, die diese Tendenzen unterdrückt, und der Gesetze, die den Einsatz von Regierungsgewalt in gewissen Situationen legitimieren, in Verbindung mit einer Rechtsprechung, die das Faustrecht ablöst. Auf Macht begründete Autorität liegt bei der Führung, die mit zunehmender Größe einer Gemeinschaft hierarchisch gegliedert ist, und bei den gesetzlich legitimierten machtausübenden Organen wie der Polizei, dem Militär und den Justizorganen. Dabei werden im Dienste der Erhaltung der Ordnung und des inneren Friedens durchaus uns angeborene Verhaltenstendenzen genützt wie jene, sich unterzuordnen.

Die Bereitschaft, sich zu unterwerfen, ist wahrscheinlich

altes Erbe. Zu dem innerartlichen Kampfrepertoire bereits der niederen Wirbeltiere gehört sehr oft die Demutsstellung, mit der sich ein Verlierer unterwerfen und den Kampf beenden kann. Die Verhaltensweisen des Folgens, die auch eine Art der Unterordnung darstellen, sind dagegen, wie so viele Voranpassungen für das Gruppenleben, familialen Ursprungs. Bereits bei nichtmenschlichen Primaten folgen Jungtiere den sie führenden Müttern und später ranghohen Gruppenmitgliedern. Sie tun dies insbesondere, wenn sie Angst haben. Die Automatik dieser Folgereaktion ist so blind, daß Jungtiere sogar dann bereit sind, ihrer Mutter zu folgen, wenn sie dafür im Experiment elektrische Strafreize erhalten. Das Verhalten ist nicht durch Bestrafung abdressierbar, es wird vielmehr durch sie bekräftigt, und das macht auch Sinn. Selbst ein von seiner Mutter mißhandeltes Junges kann es sich nicht leisten, ihr nicht mehr nachzulaufen – allein wäre es auf jeden Fall verloren.

Auch bei uns Menschen verstärkt Angst die Folgebereitschaft. Das wußten religiöse und politische Führer zu allen Zeiten zu nützen, um eine Gruppe über Angst an sich zu binden. Noch in einem anderen Zusammenhang sind wir zu Folgebereitschaft und damit im übertragenen Sinn zu Gehorsam vorbereitet: Ranghohe sind für uns Menschen auch soziale Modelle, wir sind bereit, sie uns zum Vorbild zu nehmen und Strafe als erzieherische Aggression zu akzeptieren, wenn wir sie als gerecht empfinden. Verstößt ein Mensch gegen die Normen seiner Gesellschaft, dann erlebt er ein »schlechtes Gewissen«. Er weiß aufgrund internalisierter Normen, was gut und was böse ist, und erwartet bei Regelverstoß Sanktionen. Manche Normen, nach denen wir uns im Alltag verhalten, sind uns angeboren (vgl. Objektbesitznorm, S. 39), und an solche primären Normen knüpft auch die Gesetzgebung an. Allerdings fordert das Leben in Großgesellschaften gelegentlich auch, daß wir gegen die uns angeborenen Neigungen handeln, zum Beispiel mit der auferlegten Pflicht, im Krieg unser Leben einzusetzen und damit unsere engeren familialen Interessen zurückzustellen.

Obgleich wir also durchaus bereit sind, selbst repressive Dominanz zu akzeptieren, und diese auch prosozial als erzieherische Aggression eingesetzt werden kann, lehrt die Geschichte, daß ein Zuviel an Repression zu Rebellion führt. Als stark prosozial motivierte Wesen bedürfen wir auch des reziprok-freundlichen Umgangs, der gegenseitigen Unterstützung und Fürsorglichkeit und damit auch einer prosozialen Führung. Dominanz und Fürsorglichkeit müssen zueinander in einem ausgewogenen Verhältnis stehen. Es können dabei auch Verlagerungen der Gewichte, zum Beispiel in Kriegs- und Krisenzeiten, notwendig werden. Auf dem Gebiet der politischen Führung experimentiert der Mensch mit sozialen Techniken der Führung, seit es Großgesellschaften gibt. Und immer werden dabei vorhandene Dispositionen angezapft und dann den neuen Anforderungen entsprechend kulturell ausgestaltet. Von besonderer Bedeutung ist dabei unsere Fähigkeit zur Symbolidentifikation und unsere Indoktrinierbarkeit, auf die ich noch in einem eigenen Abschnitt eingehen werde.

Da die Sozialtechniken der Bindung und Führung vorhandene Verhaltensdispositionen nutzen, ähneln sie einander bei aller kulturellen Ausgestaltung doch weitgehend, dem Prinzip nach, in den verschiedenen Kulturen. Wir können die Entwicklung von der Kleingesellschaft zur Großgesellschaft und die damit einhergehenden Anpassungsprozesse zum Teil aus der Geschichte rekonstruieren. Wir können sie ferner auch in der Gegenwart bei Völkern beobachten, die auf verschiedenen Entwicklungsstufen leben, zum Beispiel bei den Mek-Sprechern im westlichen Bergland von Neuguinea, von denen wir die Eipo eingangs bereits kennenlernten. Diese neusteinzeitlichen Pflanzer leben in kleinen Gemeinschaften. Die Dörfer sind in der Regel an strategisch leicht zu verteidigenden Orten angelegt. Die Eipo gehören zu den Mek-Sprechern, die sich in mehreren Dialektgruppen über einige Haupttäler und viele Seitentäler des Oranje-Zentralmassivs verteilen. Bei ihnen ließen sich die ersten Ansätze zur Großgruppenbildung in Form von Tälergemeinschaften verfolgen.

In ihrem westlichen Verbreitungsgebiet, das offenbar erst in jüngerer Zeit besiedelt wurde, waren die größten politischen Einheiten die Dörfer des von den Jalenang bewohnten In-Tales. Dort gab es häufig kriegerische Auseinandersetzungen, meist um Gartenland. Die Eipo dagegen, die das Eipomek-Tal schon viel länger besiedelten, fühlten sich bereits in einer Tälergemeinschaft verbunden, die anderen Tälergemeinschaften, wie den Bewohnern des Fa-Tals, in Dauerfehde gegenüberstand. Das Wir-Gruppengefühl der Tälergemeinschaft wurde durch eine Ausdehnung des familialen Kleingruppenethos auf die etwa 800 Bewohner des ganzen Tals bewirkt. Das geschah zunächst durch Berufung auf eine gemeinsame Abstammung. Nach dem Schöpfungsmythos der Eipo kam der Urahn von den Bergen herab. Er machte durch das Einfügen von Felsen in den morastigen Grund das Land bewohnbar und schuf die verschiedenen Kulturgüter (Heeschen 1990).

Diesen Schöpfungsmythos wiederholten die Eipo in einem Ritual, wenn sie ein sakrales Männerhaus gebaut hatten. Sie pflanzten dann anschließend die sakralen Schopfpalmen (Cordylinen), mit denen sie auch Geländegrenzen markieren. Sie tanzten dazu die Schößlinge einzeln heran, und mit jedem, der einen Schößling brachte, tanzte ein anderer mit einem Stein. Beide sangen dabei die Geschichte des Ahnherrn, und sie wiederholten symbolisch den Schöpfungsakt, indem sie mit jeder Schopfpalme einen Stein pflanzten. Eine entsprechende Berufung auf eine gemeinsame Abstammung nehmen auch wir vor, wenn wir von Nationen sprechen.

Eine weitere Vernetzung erfolgt bei den Eipo über ein fingiertes Verwandtschaftssystem. Es gibt etwa zehn Klane, deren jeder sich auf einen gemeinsamen Ahn zurückführt.

Mitglieder eines Klans betrachten einander als verwandt. Und wenn einer ein Dorf besucht, in dem er niemanden kennt, dann braucht er nur nach seiner Klanschwester oder seinem Klanbruder zu fragen, um Betreuung zu finden. Es herrscht überdies Klanexogamie, was zu einer echten verwandtschaftlichen Vernetzung der verschiedenen Klane führt. Schließlich werden in zeitlichen Abständen von mehreren Jahren mehrere Jahrgänge von Knaben und jungen Männern des ganzen Tals an einem Ort gemeinsam initiiert. Die Mitglieder einer solchen Initiationsgruppe betrachten einander als Brüder.

Die Klane der Eipo sind übrigens alt. Die gleichen Klane fanden wir auch in anderen Tälern, auch solchen, mit denen die Eipo verfeindet waren. Als einige Jahre nach der Kontaktaufnahme der Pazifizierung der Eipo und ihrer Nachbarn durch eine christliche Mission erfolgte, erleichterte das alte Klansystem den Aufbau tälerübergreifender freundlicher Beziehungen.

Von diesen eine größere Gemeinschaft verbindenden Klanen sind Sippenverbände zu unterscheiden, die sich als Nachfahren eines ihnen bekannten Sippenahnen bezeichnen. Er nahm das von ihnen heute kultivierte Land für sie in Besitz, und ihn ruft man im Kampf an, um seinen Beistand zu erbitten.

Zwischen diesen sippenbegründenden Lokalgruppen ebenso wie zwischen Dorfgemeinschaften einer Tälergemeinschaft kann es auch bewaffnete Konflikte geben, doch werden sie eher als Unfall bedauert, und man bemüht sich darum, eine solche Auseinandersetzung nicht eskalieren zu lassen.

Ein solcher Vorfall ereignete sich Ende 1975, kurze Zeit nach meinem ersten Feldaufenthalt bei den Eipo. Sven Walter, ein Mitglied des interdisziplinären Forscherteams, berichtete mir darüber in einem Brief. Babesikne aus Munggona hatte in einem Streit Mambonang, einem Mann aus Dingerkon, einen Pfeil durch den Hals geschossen. Noch am selben Tag kämpften die Männer beider Dörfer mit Pfeil und Bogen eine Stunde lang, bis der Nachmittagsregen einsetzte. Am anderen Tag wurde der Kampf fortgesetzt, aber eher mit sportlicher Fairneß.

Statt der sonst üblichen Verhöhnung machten die Leute von Dingerkon den Munggona-Leuten Vorwürfe, und diese versuchten sich zu rechtfertigen. Hatten die Munggona-Leute ihre Pfeile verschossen, dann sammelten sie die ihrer Gegner auf. Auf die Männer, die dazu vorliefen, schossen die Männer von Dingerkon bemerkenswerterweise nicht.

Obgleich für den wenige Tage nach der Schußverletzung verstorbenen Mambonang kein Ausgleich erzielt wurde, schloß man Frieden. Babesikne, der Mambonang angeschossen hatte, kam mit dessen Mutterbruder Bubungde zusammen. Sie standen Seite an Seite im vormaligen Kampfgelände, einen Arm um die Schulter des anderen gelegt, mit der freien Hand die Hand des anderen fassend.

Bubungde: »Wir haben keine Lust zu kämpfen.«
Einer der Umstehenden, das Dorfoberhaupt von Munggona, als Kommentator: »Wir [die Männer von Munggona und Dingerkon] haben gemeinsam gegen die Marikla gekämpft.«
Simor, der Bruder von Babesikne: »Wir haben uns zusammen satt gegessen.«
Wimban aus Munggona: »Haben wir nicht gemeinsam einen Süßkartoffelacker angelegt?«
Bubungde darauf: »Ihr habt gegen mich gekämpft. Daß du geschossen hast, ist jetzt deine Angelegenheit. Ich habe dich nicht ins Fleisch getroffen, die Larje-Männer wollen ein Schwein töten und geben, du willst es garen, das ist jetzt deine Sache, du willst Wildtiere erlegen. Wir haben alle Delmong vom Boden aufgelesen.«

Die Reden sind wegen der in ihnen vorkommenden Appelle bemerkenswert. Sie bekräftigen Gemeinsamkeit, indem sie sich auf frühere gemeinsame Kämpfe und andere Tätigkeiten wie das gemeinsame Essen (wohl Hinweis auf Feste) und das gemeinsame Anlegen von Gärten beziehen. Die abschließende Bemerkung von Bubungde mit dem Hinweis auf das gestiftete Schwein und die Jagdabsichten beziehen sich wohl auf ein von den Munggona-Leuten zu veranstaltendes Versöhnungsfest. Um die Bedeutung des Auflesens der Delmong-Schnüre zu verstehen, muß man wissen, daß ein durch Feindeinwirkung Getöteter auf einem Baum bestattet wird, bis er gerächt oder auf andere Weise ein Ausgleich erreicht wurde. Delmong heißen die bei der Baumbestattung zum Festbinden des Toten verwendeten Schnüre. Die Formulierung dürfte den Hinweis verschlüsseln, daß man keinen weiteren Ausgleich suche, sondern Frieden wünsche.

Die Solidarisierung der Talgemeinschaft der Eipo wurde sicher auch durch die Bedrohung aus anderen Tälern gefördert. Ihre Tälergemeinschaft blieb jedoch ein loser Verband, denn es gab keine Führungspersönlichkeiten, die der ganzen Gemeinschaft vorstanden. Jedes Dorf hatte seinen eigenen Kriegsführer und Sprecher. Die Bildung größerer Solidargemeinschaften setzt die Bildung von Führungshierarchien voraus, die dann gut funktionieren, wenn die Personen einer Führungsebene einander auch noch persönlich kennen. Das hat sicher mit unserer familialen Kleingruppenveranlagung zu tun.

Wenn sich Großgruppen bilden, erfolgt die Solidarisierung ebenfalls über familiale Appelle. Wir sprechen auch in den modernen Großgesellschaften von unseren »Brüdern« oder »Schwestern«, von einem Vaterland, einer Muttersprache, vom »Landesvater« und von Nation unter Berufung auf ein gemeinsames Geborensein. Kulturell betonen wir Ähnlichkeiten, die uns verbinden, denn Ähnlichkeit ist ein wichtiger Indikator für Blutsverwandtschaft. Völker betonen sie durch gemeinsame Trachten, gemeinsames Brauchtum und schließlich über die verbindende und zugleich abgrenzende Sprache. In diesem Zusammenhang ist der lokale Dialekt als Wir-Gruppenmerkmal bemerkenswert. Es scheint, als ob man die Sprachmelodie seines Dialekts nie ganz ablegen könne, ob man nun die jeweilige Hochsprache oder gar eine andere Sprache spricht – ein Berliner wird dann doch stets einen Berliner und ein Wiener einen Wiener erkennen. Wir scheinen hier prägungsähnlich festgelegt. Die Identifikation über gemeinsame Symbole und gemeinsame Bekenntnisse, all dies schafft Verbundenheit, auch in anonymen Großgesellschaften. Sie kann in Krisenzeiten sehr stark sein, da im Kriegsfall archaische Mechanismen der Gruppenverteidigung ansprechen. Dies um so mehr, je ähnlicher die Bürger einer Millionengesellschaft einander sind, da Ähnlichkeit, wie gesagt, als Indikator der Verwandtschaft gilt. Sie wird daher auch kulturell durch Tracht und Schmuck gefördert.

Dennoch ist die Verbundenheit in einer anonymen Großgesellschaft nie so groß wie in einer individualisierten Kleingruppe, und es bedarf dauernder ideologischer Bekräftigung, um das Wir-Gefühl zu schaffen oder zu erhalten. Die Grundmuster des »Wir und die anderen« bleiben jedoch für die traditionellen Kleingruppen und die anonymen Großgesellschaften die gleichen. Eine familiale Ethik bindet die Mitglieder einer Kleingruppe ebenso wie die einer Großgruppe. Allerdings sind wir für das Leben in der Kleingruppe bereits stammesgeschichtlich besser vorbereitet. Wir sind für sie gewissermaßen anständig genug. Die Übertragung der familialen Ethik auf die Großgruppe bereitet uns dagegen Schwierigkeiten. Für sie sind wir, wie Konrad Lorenz einmal bemerkte, nicht anständig genug, und die schon erwähnte Neigung der Mitglieder einer anonymen Großgesellschaft, im Wettstreit die Ellenbogen einzusetzen, stört den inneren Frieden. Das gilt unter anderem in unserer »Streitkultur« auch für den Parteienhader. Er läßt an Kultiviertheit sicher zu wünschen übrig, und oft bleibt über dem kurzfristigen Parteieninteresse das langfristige Interesse des Staates auf der Strecke. Gegenwärtig scheinen wir wirklich

»nicht gut genug« für die Großgesellschaft. Aber wir schaffen es immerhin leidlich, und wenn wir unsere prosozialen Anlagen kultivieren, dann dürfte ein harmonisches Miteinander in der Großgesellschaft durchaus zu erreichen sein.

Auch die modernen Millionengesellschaften grenzen sich als Staaten gegen andere ab, und sie reagieren xenophob und territorial, wenn sie sich in ihrer Identität oder durch Landnahme bedroht fühlen. Die Selektion findet beim Menschen, wie wir in Erinnerung rufen wollen, sowohl auf der Ebene des Individuums und der Blutsverwandten als auch auf der Ebene der Gruppe statt, innerhalb der die Mitglieder einer Gemeinschaft bevorzugt heiraten. In solchen Gruppen – es kann sich um mehrere Lokalgruppen, um eine Tälergemeinschaft oder um Stammesgemeinschaft handeln – sind daher in der Regel auch näher Verwandte miteinander verbunden. In solchen sich abgrenzenden Populationen kommt es über Individual- und Sippenselektion zur Anreicherung von bestimmten Allelen im Genpool der Gemeinschaft[6], die ihrerseits die Gesamteignung der Gruppe in der Konkurrenz mit anderen bestimmen. Kulturelle Innovation ist dabei häufig Schrittmacher der weiteren Evolution, denn die Gruppe, die über neue Waffentechniken und neue Strategien eine andere unterwirft oder vertreibt, fördert ihr Überleben in Nachkommen. In früheren Zeiten pflegten selbst hohe Zivilisationen mit den Besiegten ziemlich rücksichtslos umzugehen und Genozid zu praktizieren (Douglas 1994). Um aber in diesem Sinne unmenschlich zu sein, das heißt, sein Mitleid überwinden zu können, bedarf es einer starken ideologischen Indoktrination. Die Bereitschaft, indoktriniert zu werden, dürfte als Lerndisposition im Dienst der Familienbindung entwickelt worden sein und damit eine für das Zusammenleben der Völker potentiell besonders gefährliche Disposition darstellen, die wir zur Kenntnis nehmen müssen, wenn wir Indoktrination zur Unmenschlichkeit fürderhin verhindern wollen.

Angleichung über Glaube, Ideologie und Bekleidung sowie Identifikation über Symbole, ferner die Berufung auf familiale Verbundenheit, unter anderem durch Betonung der gemeinsamen Abstammung, das sind die wichtigsten Strategien, mit denen die Führungen in ethnischen Nationalstaaten die vielen Millionen einander Unbekannter zusammenhalten. In Notzeiten, wenn innere Unruhen den Zusammenhalt der Gemeinschaft stören könnten, aktivieren sie über fingierte Bedrohungen von außen oft auch bindende Ängste. Angst infantilisiert in gewisser Weise, und wenn sie sehr stark ist, dann bewirkt sie Denkblockaden. Bei Gefahr neigen Menschen dazu, bei Ranghohen und in politischen Ideologien, die Sicherheit versprechen, Zuflucht zu suchen.

Mit der Übertragung des familialen Kleingruppenethos auf die Großgruppe zapft der Mensch Dispositionen an, die im Dienst der Eltern-Kind-Beziehung entwickelt wurden. Die Notwendigkeit, mit Millionen von Menschen zusammenzuleben, die man nicht kennt, bringt es mit sich, daß sich manche Gesetze aber gegen die uns angeborenen Neigungen richten. So gibt es in vielen Gesellschaften einen starken Druck etwa gegen den Nepotismus. Vor allem Staatsdiener sollen in erster Linie die Interessen des Staates und dann erst die ihrer Familie vertreten. Im Kriegsfall gilt der Einsatz des Lebens für die Gemeinschaft – die größere Familie – als die höchste Tugend. Hier handelt es sich um eine klare Umkehrung der Rangfolge der Werte durch Erziehung. Das führt zu inneren Konflikten, wenn der einzelne die Solidarität zur größeren Gemeinschaft nicht mit der Solidarität zu seiner Familie in Einklang bringen kann.

Bei der Durchsetzung der Großgruppenethik spielt die Berufung auf gottgesetzte Normen eine große Rolle. Franz L. Roess (1995) fand beim Kulturenvergleich eine positive Beziehung zwischen der Gruppengröße und dem Glauben an Hochgötter, die die menschliche Gruppenmoral stützen.

Die kulturelle Anpassung an die Großgesellschaften ist ein dynamischer Prozeß, die Entwicklung ist noch in vollem

Gang. Der Mensch experimentiert, seit es Großgesellschaften gibt, mit Strategien der politischen Führung, der Gesetzgebung, mit Techniken wie der Entwicklung neuer Rituale zur Förderung der Identifikation der Bürger mit dem Gemeinwesen und anderem mehr. Der Lösungsversuche gibt es viele, und wir können aus jenen, die gescheitert sind, lernen. Wir wiesen bereits darauf hin, daß allzu repressive Systeme am Widerstand der eigenen Bevölkerung mißglückten, weil der Mensch aus seiner familialen Veranlagung heraus nicht nur die Mächtigen, sondern wahrscheinlich bevorzugt die Fürsorglichen in Führungspositionen sehen möchte. Auch scheitern Systeme, die sich allzu radikal gegen die Familie wenden, wie es etwa der sowjetrussische Kommunismus nach der Oktoberrevolution zunächst einmal versuchte. Auch die von den Gründern des traditionellen Kibbuz in Israel ursprünglich angestrebte Auflösung der Familie zugungsten der Kibbuz-Gemeinschaft ließ sich nicht durchsetzen. Der Mensch sucht eben heterosexuelle Dauerpartnerschaften, und Eltern wollen ihre Kinder selbst betreuen. In bestimmten Situationen, etwa während eines Pionierdaseins oder in Krisenzeiten, kann ein Zurücktreten der Familie oder eine straffere Führung als zeitlich begrenztes Programm dem Überleben einer Gruppe dienen. Hier suchen die in Großgesellschaften lebenden Menschen nach Lösungen und neuen Wegen, wobei wohl alle von einem Leben in Frieden und Wohlstand träumen. An gutem Willen mangelt es sicher nicht, aber leider auch nicht an kontroversen Überzeugungen über den zu beschreitenden Weg.

Thomas Hobbes meinte, der Mensch könne nur über Zwang gebändigt werden, da er von Natur aus egoistisch und rücksichtslos sei. Dies trifft, wie wir ausführten, nicht ganz den Kern des menschlichen Wesens. Dem Dominanzstreben des Menschen wirken eine Reihe prosozialer Anlagen als natürliche Gegenspieler entgegen. Sie sind allerdings auf das Leben in der Kleingruppe zugeschnitten, in der die repressiven Verhaltenstendenzen einzelner durch das Band persönlicher Bekanntheit und durch einen Normierungsdruck seitens der Gemeinschaft nach außen abgeleitet werden (S. 77). Prosoziale Verhaltensweisen der gegenseitigen Hilfeleistung und Fürsorglichkeit binden dort die Gruppenmitglieder.

In einer Großgemeinschaft, wo der einzelne im Alltag mehr mit ihm Unbekannten zu tun hat als mit ihm persönlich Vertrauten, muß dem weniger gebremsten Dominanzstreben des einzelnen entgegengewirkt werden. Dies geschieht über die Gesetze und über die zur Machtausübung befugten ausführenden Organe des Staates. Befehle werden allerdings oft abgemildert, etwa durch Einbettung in Floskeln der Bitte oder des Vorschlags, oft begleitet von freundlichen Signalen. Häufig erfolgt eine Distanzierung von Befehlenden durch schriftliche Anordnung. Auch kann die Überwachung der Befehle rangniederen Personen überlassen werden, die nicht für die Befehle verantwortlich zeichnen. Eine wirksame Infrastruktur von Regeln, Sanktionen und Symbolen befreit den Befehlshaber von der Aufgabe, persönlich zu dominieren. Das entschärft die Situation und schafft ein Klima der Akzeptanz, zumal auch die für die Rechtsprechung Verantwortlichen dem Gesetz unterworfen sind. Vergeltungstendenzen nach dem Gesetz der Reziprozität werden dadurch abgeblockt. Willkür seitens der Machthaber muß allerdings vermieden werden. Bisweilen wurde versucht, die egalitäre Konstellation und das Zusammengehörigkeitsgefühl nach dem Vorbild der Wildbeuterkulturen wiederzubeleben, doch ohne Erfolg (Newman 1980; Flanagan und Rayner 1988). Es scheint, daß anonyme Großgesellschaften stets auch einer Kommando-Hierarchie bedürfen, wie sie uns seit ihrer Erfindung in den frühesten Zivilisationen des Mittleren Ostens bekannt ist.

Im Grunde kommt es an auf die rechte Balance zwischen einer sozial unterstützenden Politik, gekennzeichnet durch Begriffe wie Wohlfahrtsstaat, Gemeinschaftsgefühl und persönliche Freiheit, und den Erfordernissen der inneren und äußeren Sicherheit durch organisierte Machtstrukturen zur Durchsetzung der Gesetze und für den Erhalt der nationalen Unabhängigkeit. Je mehr die angeborenen Verhaltensdispositionen für diesen Zweck genützt werden und je weniger sie unterdrückt werden müssen, desto besser für ein harmonisches Miteinander. Eine hinreichende Bedingung für diese Art der Entwicklung sozialer Techniken ist, daß die für Jäger-Sammler typischen Verhaltensweisen sich abkoppeln lassen vom Kontext ihrer Entstehung in kleinen Menschengruppen und sich zu neuen funktionalen Komplexen rekombinieren lassen. Die Rekombination erfolgt nach Maßgabe neuer, eher formalisierter Techniken. Sie sind deshalb erfolgreich, weil sie sich in Systeme biologischer Verhaltenssteuerung einklinken, die das Erteilen und Empfangen von Direktiven etwa in den überschaubaren Gruppen traditioneller Ethnien oder im familialen Kontext regeln. Zwei dieser Verhaltenssysteme sind Dominanz und Affiliation (Eibl-Eibesfeldt 1984, 1994), und man kann die institutionalisierten Kontrolltechniken nach der Art ihrer Komposition aus den eben genannten Verhaltenssystemen einer »Dominanz-Infrastruktur« bzw. einer »Affiliations-Infrastruktur« zuordnen (Salter 1995).

In seiner Untersuchung der Kommandostrukturen im Kulturenvergleich hat Frank Salter gezeigt, daß alle Kommandohierarchien auf einem begrenzten Satz von sozialen Wahrnehmungs- und Verhaltensweisen aufbauen, daß sie gewissermaßen um angeborene Elemente des menschlichen Biogramms herum »gebastelt« sind. Ganz allgemein dürfte gelten, daß die kulturelle Ausformung neuer sozialer Prozesse und Strukturen im Rahmen des durch stammesgeschichtliche Anpassungen vorgegebenen Systems von Regeln, der »universalen Grammatik menschlichen Sozialverhaltens« (Eibl-Eibesfeldt 1984), stattfindet und damit vorgegebene Dispositionen nützt. Das ist auch der Kern der »Infrastruktur-Theorie sozialer Kontrolle« von Salter. Dies gilt auch für das Recht, das vielfach an die ungeschriebenen

Regeln des Verhaltens anknüpft, die uns angeboren sind. Hagen Hof (1996) führt in einer höchst bemerkenswerten Untersuchung aus, daß Achtung, Vertrauen, Freiheit, Bindung, die individuelle Zuordnung von Verhalten, Gegenständen und Bereichen, Sicherheit, Wettbewerb, Gleichbehandlung und Gerechtigkeit, auf denen allen das deutsche Recht aufbaut, solche angeborenen Schlüsselwertungen sind.

5. Indoktrination, Symbolidentifikation und Ideologie

Die Fähigkeit, große Solidargemeinschaften zusammenzuhalten, basiert auf Sozialtechniken, die, wie wir ausführten, auf vorhandene soziale Dispositionen zurückgreifen und diese kulturell ausgestalten. Wir erörterten in diesem Zusammenhang unsere biologisch vorgegebenen Prädispositionen für Gruppenbindung, Reziprozität und Gefolgsgehorsam.

Zwei weitere wichtige Voraussetzungen für die Bildung von Großgesellschaften sind die Fähigkeit des Menschen zur Symbolidentifikation und seine Indoktrinierbarkeit mit kulturell entwickelten Zielsetzungen und Werten, den *Ideologien*.

Bereits in den traditionellen Kleingesellschaften, und noch ausgeprägter in traditionellen Stammesverbänden, dienen gruppenspezifischer Schmuck, Bekleidung, Haartrachten, Stammestattoos und in den frühen Staatsverbänden religiöse Symbole und Feldzeichen der Angleichung und Identitätsstiftung. Um Fahnen mit Zeichen scharten sich schon im Altertum Krieger. Im Zeichen des Kreuzes und des Halbmondes wurden blutige Kriege ausgefochten, und daran hat sich prinzipiell wenig geändert. Rekruten werden auch heute noch in vielen Ländern auf die Fahne vereidigt.

Daß man auf dem Schlachtfeld weithin sichtbare Zeichen wie Fahnen trug, an denen man Kampfgefährten von Feinden unterscheiden konnte und um die man sich früher auch scharte, ist zunächst durchaus aus ihrer Funktion als Erkennungszeichen verständlich. Auch heute wäre es ohne Kennzeichnung nicht immer leicht, die Zugehörigkeit eines Panzers oder eines Flugzeugs zu erkennen. Außerdem hat auch heute noch jede Partei, jede Religionsgemeinschaft, ja haben viele der weltlichen Vereine, wie Schützenverbände in Tirol, ihre eigenen Fahnen und Zeichen, und ich glaube nicht, daß der Mensch als symbolisierendes Wesen ohne solche und die mit ihrer Installation und Präsentation verbundenen Rituale größere Solidargemeinschaften bilden könnte. Symbole dieser Art sind auch in traditionellen altsteinzeitlichen Kulturen nachzuweisen.

Bei Besprechung der Territorialität der Zentralaustralier erwähnten wir, daß diese heilige Stätten als das symbolische Zentrum ihrer Reviere verehren. Zu diesen Stätten hatten nur initiierte Männer der Lokalgruppe Zutritt, die ihre Abstammung auf den Totem-Ahnen dieser Stätte zurückführten. Diese Totem-Ahnen waren halb Tier, halb Mensch, und sie repräsentierten Tiere, die als Nahrung eine Rolle spielten. So gab es einen Honigameisenklan, einen Emuklan, einen Hundertfüßlerklan usw. Der jeweilige Totem-Ahn weilte in dem heutigen Gebiet des Klans und hinterließ hier Spuren. Abgerundete Felsen wurden z. B. als Eier einer Totemschlange gedeutet, andere Spuren als Aufenthaltsort, und es wurde in einfachen Zeichen auch die Geschichte seiner Wanderung aufgezeichnet, auf der er das Gebiet in grauer Vorzeit in Besitz nahm, und zwar mit einer einfachen Symbolik (Abb. 14–16). In Linien und Kreisen werden Landmarken, Wanderwege, Rastplätze und andere Spuren des Totem-Ahnen als Felsmalereien, aber auch auf Holz oder Steinplatten eingraviert. Letztere, die *Churingas*, sind Besitz initiierter Männer. Nach deren Tod werden sie als heilige Steine oder Bretter an den heiligen Stätten aufbewahrt und gepflegt.

Es ist interessant, daß wir auch auf Neuguinea eine Stein-

Abb. 14 Die heilige Stätte der Totemschlange Jarapiri bei Ngama (Zentralaustralien), eine Totemstätte und zugleich symbolische Reviermarkierung der Walbiri. – Foto: I. Eibl-Eibesfeldt.

symbolik finden. Die den Eipo benachbarten Yale und Dani haben heilige Steine, die den oder die mythische Kulturbringerin symbolisieren. Der Stein ist mit weiblichen (Binsenschürzchen) und männlichen Attributen (Orchideenbast) geschmückt (Abb. 17). Die Steine werden im Rahmen von Bestattungszeremonien zur Schau gestellt und auch ausgetauscht. Viele dieser Steine kommen von Yalemo. Aufregend finde ich schließlich, daß man bei Pawlow in Südmähren einen 25000 Jahre alten Mammutzahn fand, mit Gravierungen, die denen auf den australischen Churingas ähneln (Abb. 18). Nach Ansicht von H. Müller Beck und J. Albrecht (1987) handelt es sich um eine Skizze der Landschaft um Pawlow; sie glauben einen Flußlauf sowie Hänge und Berge wiedererkennen zu können. Möglich, daß hier ein altsteinzeitlicher Kulturkontakt zwischen Europa und dem australischen Raum zum Ausdruck kommt.

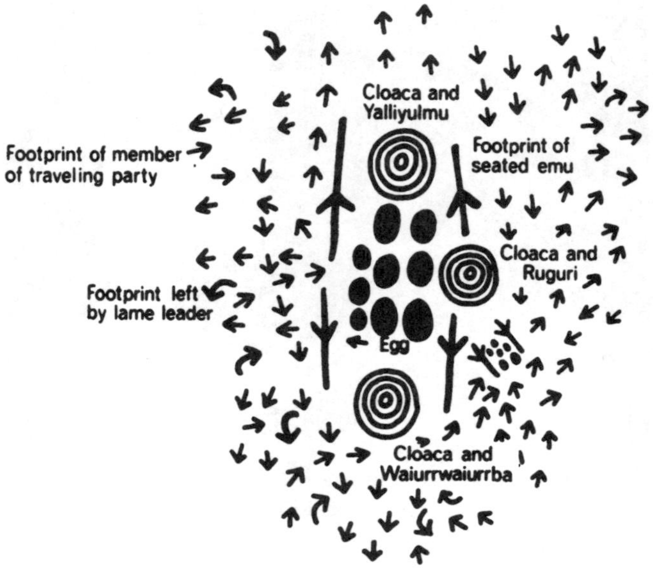

Abb. 15 Bei der Männerinitiation werden die Klan-Zeichen und die Klan-Geschichte (Wanderung des Totem-Ahnen und andere Begebnisse) auf Boden und Felsen gemalt. Hier eine Bodenzeichnung des Emu-Klans. – Nach N. Peterson (1972).

Nachdenklich stimmt die starke affektive Besetzung dieser oft sakralen Charakter tragenden Zeichen und die Blindheit und Begeisterung, mit der wir ihnen folgen. Das weist darauf hin, daß hier über kulturell entwickelte und dressurmäßig dem einzelnen eingeprägte Schlüssel archaische Reaktionen angesprochen werden. Beim Absingen von religiösen und patriotischen Hymnen und Liedern, oft in Verbindung mit der Präsentation der sakralen Symbole einer Gemeinschaft, geraten die Teilnehmer eines solchen Ereignisses häufig in einen Zustand der Begeisterung, in einen geänderten Bewußtseinszustand, der subjektiv als Schauer der Ergriffenheit erlebt wird. Das Gefühl, das sie überläuft,

Abb. 16 Stein-Churinga des Honigameisen-Klans der Walbiri von Mt. Allen. Die große zentrale Kreisfigur repräsentiert eine Lehmsenke im Nordosten der Yuendumu-Siedlung, in der man zu Grundwasser kommt. Dort lebte der Honigameisen-Ahnherr des Klans. Dann ging er auf eine Reise und schuf unterwegs Hügel und andere Landschaftsstrukturen. Diese Plätze sind durch weitere Kreise eingezeichnet und die Wege durch Linien markiert. Nur initiierte Männer besitzen Stein- oder Holzchuringas. Sie sind gewissermaßen deren Klan-Wappen und erinnern sie an die Initiation, bei der sie diese Identifikationszeichen herstellten. Mit dem Tod werden sie zu heiligen Gegenständen, die man an den heiligen Stätten aufbewahrt. Männer können an den Zeichen die Geschichte des Totem-Ahnen lesen. Frauen dürfen sie nicht sehen. Über diese Symbolidentifikation werden die Männer ideologisch an Territorium und Gruppe gebunden. – Foto: I. Eibl-Eibesfeldt.

kommt dadurch zustande, daß sich die Haaraufrichter vor allem am Rücken und auf der Außenseite der Arme kontrahieren, was bei uns eine »Gänsehaut« erzeugt. Es handelt sich wohl um das Ansprechen einer sozialen Verteidigungsreaktion. Wir sträuben gewissermaßen einen nicht mehr vorhandenen Pelz. Unsere bepelzten Vorfahren dürften in vergleichbaren Situationen kollektiven Drohens ihren Körperumriß durch Sträuben des Pelzes eindrucksvoll vergrößert haben. Auch unsere Körperhaltung mit nach außen

Abb. 17 Heiliger Stein der Dani, den oder die mythische(n) Kulturbringer(in) symbolisierend. Der Stein ist mit weiblichen (Binsenschürzchen) und männlichen Attributen (Orchideenbast) geschmückt. Diese Steine werden im Rahmen von Bestattungszeremonien zur Schau gestellt und auch ausgetauscht (vgl. S. 107). – Foto: I. Eibl-Eibesfeldt.

gedrehten Ellbogen und angehobenen Schultern erinnert an die Imponierhaltung nichtmenschlicher Primaten. Mimisch ist diese Reaktion beim Menschen vom Ausdruck der »Entschlossenheit« begleitet. Der kühn Blickende fixiert ein entferntes Ziel unter den die Augen beschattenden, vorgezogenen Brauen. Die Mundspalte wird wie bei Anstrengung zusammengepreßt (»Adlerblick«). Die Verhaltensweisen der Gruppenverteidigung leiten sich von der Familienverteidigung ab.

Ebenfalls von einer solchen leitet sich die in der gleichen Situation aktivierte Folgebereitschaft ab. Sie ist, wie wir bereits ausführten, auch angstmotiviert. Angriff und Flucht bilden ja ein funktionell zusammengehöriges System. Man schart sich aus Angst um die Führung und folgt ihr. Und wie bei vielen Gruppenphänomenen bei geselligen Vögeln und Säugern beobachten wir auch in Menschengruppen das Phänomen der Stimmungsübertragung, das Mitgerissenwerden vom Tun der anderen. Bei Aufmärschen und Demonstrationen besteht daher die Gefahr des sich Aufschaukelns und schließlich der Eskalation der Stimmung.

Abb. 18 Die Pawlow-Landschaft auf dem Endstück eines Mammutzahns (Länge: 37 cm). Sie ist aus vier Motiven kombiniert: wellenartige Linie über Flußverlauf im Talgrund, parallele Felder, darüber Rutschzonen an den Hängen; der mehrfache Bogen steht für Kuppen der Berge, der Koppelkreis in der Mitte für den Ort der Siedlung. – Aus R. Häberlein (1990).

Die affektive Bindung an die Symbole der Gemeinschaft wird gelernt. Das gilt sowohl für die kollektive Verteidigungsreaktion als auch für die Folgereaktion. Beides ist funktionell prosozial motiviert, stammesgeschichtlich jedoch wahrscheinlich verschiedenen Ursprungs. Die soziale Gruppenaggression hat wohl die familiale Brutpflegeverteidigung zum Vorläufer. Die Folgereaktion ist dagegen wohl von der infantilen Folgebereitschaft abgeleitet.

Die Fixierung auf die Zeichen und Rituale erinnert an die über Prägung bewirkte Objektfixierung, die Konrad Lorenz (1935) beschrieb. Hier wie dort scheint die einmal hergestellte Bindung an ein Objekt gegen Umlernen ziemlich resistent zu sein. Auch ist in beiden Fällen für die Objektfixierung ein Zeitfenster als sensible Periode vorgegeben. Beim Menschen umspannt sie die späte Kindheit und Pubertät. Das ist auch die Zeit, in der sich die politische Führung darum bemüht, in die heranwachsende Generation die Werte und Symbole der Gesellschaft einzupflanzen.

Bei der Prägung auf die Symbole und zielsetzenden Werte einer Gesellschaft in einem Prozeß, den man auch als Indoktrination bezeichnet, spielt das Lied eine große Rolle, und zwar nicht nur in unserer westlichen Zivilisation. Rinderhirten Afrikas, wie zum Beispiel die Himba (Hererosprecher des Kaokolandes in Namibia), singen bei geselligen Anlässen Preislieder, in denen Heldentaten von Ahnen wie der Raub von Rindern gepriesen und damit als soziales Modell vorgestellt werden.

In unserem patriotischen Liedgut werden vor allem die Werte einer Staatsethik vorgetragen, die ja in Krisenzeiten wie im Krieg auch die Selbstaufopferung vor allem des Mannes fordert. Dazu wird durch Glorifizierung des Todes eine Sterbebereitschaft im Dienste der größeren Gemeinschaft und im Dienste der sie verbindenden Werte aufgebaut.

Laßt wehen, was nur wehen kann,
Standarten wehn und Fahnen;
wir wollen heut uns Mann für Mann
zum Heldentode mahnen.
Auf, fliege, stolzes Siegspanier,
voran den kühnen Reihen!
Wir siegen oder sterben hier
den süßen Tod der Freien.

(Ernst Moritz Arndt, 1812)

In vielen Variationen flattert die Fahne voran, die in die Zukunft führt oder in die Ewigkeit – »die Fahne ist mehr als der Tod«, heißt es in Baldur von Schirachs Hitlerjugendlied

»Vorwärts, vorwärts«. Dort heißt es auch: »Deutschland, du wirst leuchtend stehn, mögen wir auch untergehn.«

Hell als Positivbegriff taucht in vielen Kriegs- und Revolutionsliedern der letzten zweihundert Jahre auf und Dunkel als Negativbegriff. Als tagaktive Wesen fürchten wir das Gefahren bergende Dunkel der Nacht und bejahen das Licht. Diese auf angeborenen ästhetischen Wertungen basierenden primären Positivbegriffe werden mit jenen Begriffen zusammen geboten, die man über Assoziation ebenfalls positiv bewertet wissen will, wie etwa die eigene Nation oder als deren Symbol die Fahne. Damit verbunden sind des weiteren Appelle wie der Hinweis auf die eine Gemeinschaft bedrohenden Gefahren, wobei die Berufung auf gemeinsame Herkunft quasi familiale Verbundenheit beschwört. Wichtige, immer wiederkehrende verbale Klischees sind Freiheit – als Freiheit von Fremdherrschaft oder Tyrannei und Freiheit von Not –, ferner der Hinweis auf die Großtaten vorangegangener Generationen, der zum Einsatz für die Zukunft verpflichte.

Der Mensch ist ungeheuer verführbar, wenn man seine in angeborenen Referenzmustern vorliegenden ästhetischen und ethischen Referenzmuster anspricht. Es sind Tugenden, die zu allen Zeiten von Demagogen ebenso wie von demokratischen Führungspersönlichkeiten für ihre Zwecke genutzt werden.

Nur der Freiheit gehört unser Leben,
laßt die Fahnen dem Wind,
einer stehet dem anderen daneben,
aufgeboten wir sind.
Freiheit ist das Feuer,
ist der helle Schein …

heißt es in einem Lied von Hans Baumann. Und immer wieder stoßen wir auf die Verknüpfung der Werte mit dem Symbol der Fahne.

In Adolf Danzers Buch *Unter den Fahnen. Die Völker Österreich-Ungarns in Waffen* (Wien 1889) heißt es:

»Die Verehrung für die Fahne, die dem Soldaten in allen Lagen seines bewegten Lebens ein Leitstern ist, wird schon der militärischen Jugend der Bildungs- und Erziehungsanstalten ins empfängliche Herz gepflanzt ... Jede der beiden Militärakademien besitzt – gleich jedem Infanterieregimente – eine von allerhöchster Huld verliehene Fahne ... Uns klingt aus der Jugend goldnen Tagen ein Sang ins Ohr, der, so einfach und so wahr, unsere jungen Herzen tief bewegte, als wir ihn singen lernten, indes unsere Armee in heißen Kämpfen vor dem Feinde stand:

Flattre, Fahne, flattre, fliege,
Wie im Frieden, so im Kriege
Führe deine treue Schar.
Was geschehe mag geschehen,
Aber glorreich sollst du wehen
Immerdar, immerdar!
Mög' uns von des Feindes Klingen
Sich ein Eisenwald erbauen;
Eh wir weichen
Ihren Streichen
Sollt als Leichen
Ihr uns schaun.«

Charakter und Bedeutung der Symbolidentifikation wird in diesem Beispiel offenkundig. Die Fahne ist ein quasi religiöses Symbol, sie wird wie das mit ihr oft verbundene Zeichen geweiht. Anne Christine Brade und Tilman Rhode-Jüchtern (1991) haben zum Thema »völkisches Lied« eine bemerkenswerte Untersuchung des Liedgutes des Nationalsozialismus und seines Einsatzes im Dienste der Ideologie des Systems vorgelegt. Die Fahnendemonstrationen bei den Aufmärschen und Feiern hatten quasi religiösen Charakter. Es war damals für die jungen Leute sicher nicht leicht, einen

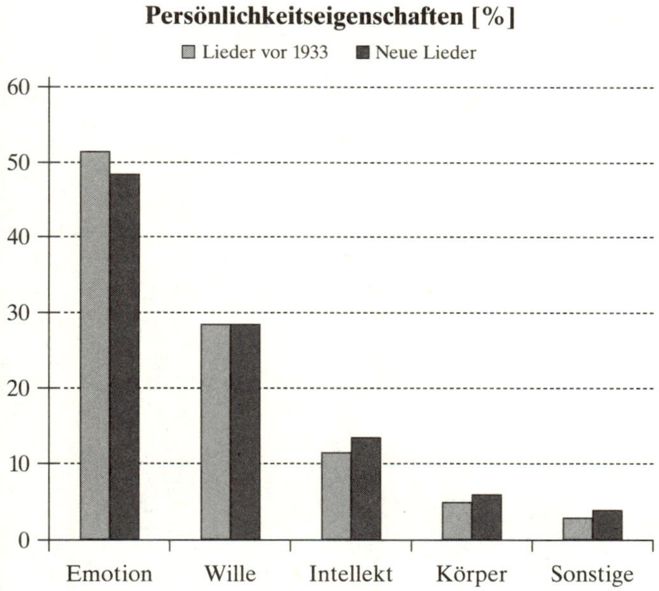

Abb. 19 Verteilung der Persönlichkeitseigenschaften in den Liedern relativ zur Anzahl der Gesamtnennungen. (Die Abbildungen 19 und 20 sowie die Tabellen 1 und 2 wurden unter geringfügigen Veränderungen entnommen aus: Richard Klopffleisch: *Das Menschenbild im Liedgut der Hitlerjugend auf dem Hintergrund der Persönlichkeitstheorie der »Deutschen Charakterkunde«*. In: Behne, K.-E. et al. (Hrsg.): *Musikpsychologie.* Jahrbuch der Deutschen Gesellschaft für Musikpsychologie, Bd. 12, 1995. Florian Noetzel Verlag, Wilhelmshaven.)

klaren Kopf zu behalten und nicht vom Rausch der Gefühle weggetragen zu werden.

Richard Klopffleisch (1996) untersuchte das Menschenbild im Liedgut der Hitlerjugend. Bei der Thematisierung der Persönlichkeitseigenschaften werden in erster Linie Emotionen angesprochen, als nächstes der Wille und ihm folgend der Intellekt (Abb. 19). Von den Emotionen sind es

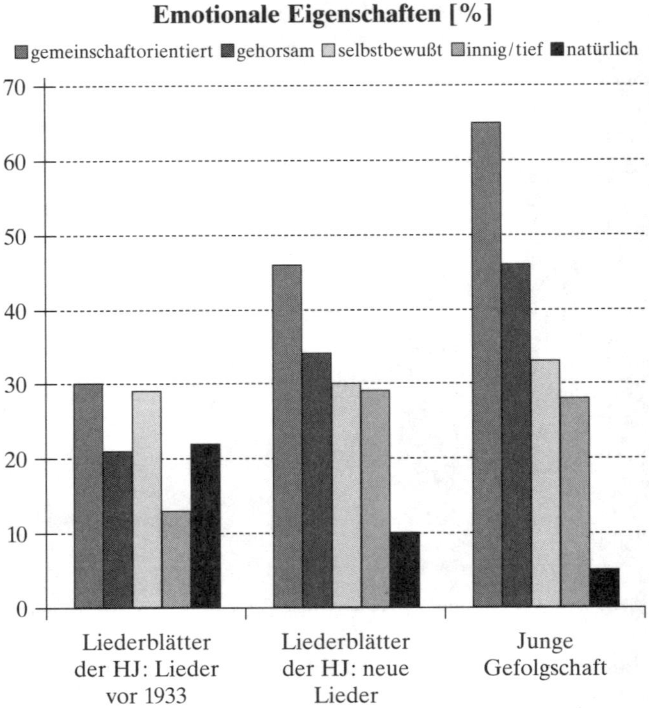

Abb. 20 Gegenüberstellung der vier häufigsten emotionalen Eigenschaften und der Eigenschaft »natürlich« (Einzelwerte relativ zur Anzahl der Lieder).

vor allem die Bereitschaft zur Gemeinschaft und zum Gehorsam und von den intellektuellen Eigenschaften die Zielkonformität (Überzeugung, Idealismus, Glaube), die angesprochen werden. (Abb. 20). Die am häufigsten genannten Willenseigenschaften sind, nach der Häufigkeit der Nennung geordnet, Zielstrebigkeit, Opferbereitschaft, Tatkraft, Ausdauer, Fleiß, Mut (Tab. 1 und 2). Klopffleisch betont die Zeitlosigkeit dieser Eigenschaften. Einzig die Opferbereit-

Liederbuch »Liederblätter der HJ«

Willenseigenschaften	Neue Lieder	
	%	m
zielstrebig	25	−2
opferbereit	23	−2
energisch	21	−1
aktiv	19	0
ausdauernd	19	−2
mutig	13	−1
fleißig	13	−1
anstrengungsbereit	11	1
tatkräftig	11	−2
handlungsbereit	10	1

Tab. 1 Die zehn häufigsten Willenseigenschaften in den neuen Liedern des Liederbuchs *Liederblätter der HJ*. m = lineare Regression in Prozent. Prozentangaben relativ zur Anzahl der Lieder.

schaft würde sich in das Menschenbild einfügen, das man gemeinhin dem Nationalsozialismus zuschreibt. Aber auch sie wird von anderen Ideologien eingefordert. Es ist die Assoziation dieser allgemein anerkannten staats- oder gesellschaftstragenden Tugenden mit einer speziellen Ideologie und deren Zeichen, die bei prägungsähnlicher Fixierung so gefährlich wird. »Gott mit uns« stand um das Hakenkreuz im Eichenlaubkranz auf den Koppelschlössern von Millionen deutscher Soldaten.

Lieder mit eindeutig ideologischen Inhalten sowie Kampf- und Parteilieder sind nach Klopffleisch mit nur

Liederbuch »Junge Gefolgschaft«

Willenseigenschaften	Anzahl der Lieder	
	%	m
opferbereit	34	0
zielstrebig	26	– 5
ausdauernd	26	– 2
energisch	19	– 2
tatkräftig	16	– 2
handlungsbereit	16	3
mutig	14	0
aktiv	13	– 2
anstrengungsbereit	12	– 1
durchsetzungsfähig	11	– 1

Tab. 2 Die zehn häufigsten Willenseigenschaften in den neuen Liedern des Liederbuchs *Junge Gefolgschaft.* m = lineare Regression in Prozent. Prozentangaben relativ zur Anzahl der Lieder.

10–20 % unterrepräsentiert. »Bei dem überwiegenden Teil handelte es sich um vordergründig eher harmlose Lieder, die in der Tat, wie es ein Liederbuch-Verleger in den sechziger Jahren äußerte, zu jeder Zeit gesungen werden könnten« (Klopffleisch, S. 156). Aus diesem Grunde sind sie ja so zeitlos verwendbar und damit für jeden Mißbrauch verfügbar.

Häufig wird heute der Fehler begangen, daß man die allgemeinen Werte, die auch im Liedgut des Nationalsozialismus genützt wurden, nun deshalb generell ablehnt, als wären es Unwerte. Man übersieht, daß es sich um Grundwerte handelt, ohne die keine Gesellschaft bestehen könnte. Mutig, einsatzbereit, ja sogar aufopferungsbereit zu sein, etwa für die Verteidigung der Werte der Demokratie oder für sein Land, das müßte auch heute noch als Tugend gelten. Auch heute ist es schwer vorstellbar, daß ein Staat auf die Dauer existieren könnte, dessen Bürger bar aller staatstragenden Tugenden nur ihre Eigeninteressen verfolgen würden. Wir wissen allerdings auch, daß unsere Begeisterungsfähigkeit so unproblematisch nicht ist. Der Fanatismus, mit dem Religionskriege ausgefochten werden und mit dem Menschen für politische Ideologien kämpfen, belegt, wie gefährlich das Handeln aus Überzeugung werden kann. Die Verfolgung idealistischer Zielsetzungen muß sich mit vernunftbegründeter Verantwortlichkeit verbinden, die dem Handeln aus einem Überschwang der Gefühle einen einsichtig und humanitär begründeten Rahmen steckt.

Die Falle des Kurzzeitdenkens

1. Problemanlagen

Konstitutionelle Anpassungen hinken immer hinter den Anforderungen her, die eine sich ständig ändernde Umwelt an die Organismen stellt, und das um so mehr, je schneller die Umweltänderung erfolgt. Das gilt für körperliche Merkmale ebenso wie für solche des Verhaltens. Die geradezu stürmische kulturelle Entwicklung des Menschen in den letzten 15000 Jahren, die vom paläolithischen Wildbeuter zum technisch zivilisierten Großstadtbewohner führte, brachte es mit sich, daß eine Reihe der uns angeborenen Verhaltensmuster zu »Problemanlagen« wurden (S. 13), da sie sich in bestimmten Situationen als eignungsgefährdend erweisen.

Ich erwähnte unsere Neigung zu monokausalem, linearem Denken, das es uns zwar erleichtert, Hauptursachen schnell zu erkennen, und das damit in einer konkreten Gefahrensituation lebensrettend sein kann, das aber oft dort Lösungen von Problemen behindert, wo verschiedene Ursachenketten zusammenlaufen, die es zu erkennen gilt.

An anderer Stelle (Eibl-Eibesfeldt 1984, 1988) erörterte ich das Schablonendenken, das heißt die Neigung zum Dogmatismus, die eine ihrer Hauptwurzeln in der »Ordnungsliebe« unserer Sinne hat. Wir kategorisieren gern, indem wir zum Beispiel Phänomene nach Gegensatzpaaren ordnen und, der Prägnanztendenz unserer Wahrnehmung gehorchend, uns charakteristisch erscheinende Merkmale durch

Pointierung hervorheben, uns weniger wichtig vorkommende dagegen einebnen, gewissermaßen unter den Tisch fallen lassen. So ordnen und typisieren wir die Erscheinungen dieser Welt, werden aber zugleich blind für die Unregelmäßigkeiten, die auf das Wirken anderer Kräfte hinweisen. Das führt zu Aussagen wie jenen, der Mensch sei »nichts anderes« als ein höherentwickelter Affe, oder seine Geschichte sei eine der Klassenkämpfe, woraus dann folgt, daß man um des inneren Friedens willen die klassenlose Gesellschaft anstreben müsse, und dies rechtfertige jedes Mittel.

Im vorangegangenen Kapitel diskutierten wir die Problematik unserer Indoktrinierbarkeit und unserer Begeisterungsfähigkeit, die leicht eskaliert. Emotionalität führt dann zur Denkblockade, in Panik ebenso wie im Überschwang von Liebe und Haß. In diesem Zusammenhang ist auch das Phänomen der Stimmungsübertragung und der starken Beeinflußbarkeit (Suggestibilität) des Menschen durch ranghohe soziale Vorbilder oder Majoritäten zu nennen. Hans Christian Andersen schildert sie trefflich in seinem Märchen *Des Kaisers neue Kleider.* Der Kunstmarkt lebte in diesem Jahrhundert von unserer Suggestibilität ganz gut.

Ich möchte im folgenden Abschnitt auf zwei Problemanlagen hinweisen, von deren kultureller Zügelung das Glück der kommenden Generationen abhängen wird. Es handelt sich um unsere Programmierung auf den Wettlauf im Jetzt und um unser Machtstreben.

2. Die Programmierung auf den »Wettlauf im Jetzt«

Die stammesgeschichtlich vermutlich älteste Problemanlage ist unsere Programmierung auf den Wettlauf im Jetzt. Seit die ersten Organismen vor vielleicht zwei Milliarden Jahren damit begannen, um begrenzte Ressourcen zu konkurrieren, zählte, wer in diesem Wettlauf im Jetzt schneller war. Die Algen, die andere schneller überwucherten und ihnen so das Licht raubten, die Organismen, die anderen schneller die Nahrung wegnahmen, kurz, die im Jetzt erfolgreicher waren, machten das Rennen und überlebten in Nachkommen. Dieser Wettlauf im Jetzt formte auch uns Menschen. Er bewirkte eine opportunistische Grundhaltung, die dazu drängt, sich bietende Chancen ohne Rücksicht auf Spätfolgen maximal zu nützen.

Für unsere altsteinzeitlichen Vorfahren bewährte sich diese opportunistische Grundhaltung. Sie bevölkerten diesen Planeten in dünner Besiedlung und konnten mit ihrer einfachen Technologie auf die Lebensgemeinschaften, die ihre Existenzgrundlage bildeten, keinen auf Dauer zerstörerischen Einfluß ausüben. Daher hat uns die natürliche Auslese für den Umgang mit der Natur keine Bremsen angezüchtet. Man liest oft, der Mensch der Vorzeit hätte in Harmonie mit der Natur gelebt und sich umweltfreundlich verhalten. Das ist eine romantische Verklärung. Der Mensch hat bereits als steinzeitlicher Wildbeuter manche Tierarten ausgerottet, und er hat Feuer gelegt, damit sich auf den neu begrünenden Flächen das Jagdwild konzentrierte. Im großen und ganzen hielten sich jedoch seine Einwirkungen in ökologisch verkraftbaren Grenzen.

Die exploitative Grundhaltung konnte man bis vor kurzem noch an den verbliebenen Jäger- und Sammlervölkern beobachten. Solange sie ihre eigene traditionelle Gerätekultur verwendeten, hielt sich der Schaden in Grenzen. Aber als die Prärieindianer Nordamerikas gelernt hatten, die Bisons mit Feuerwaffen zu erjagen, unterschieden sie sich in ihrem Jagdrausch wenig von ihren weißen Vorbildern. Als die Eskimos Gewehre bekamen, gefährdeten sie mit ihrem Jagdeifer ihre eigene Subsistenzbasis, so daß die dänische Regierung Schutzgesetze für Walrosse erlassen mußte, die wegen ihrer Zähne besonders begehrt waren. Auch wir Heutigen haben diese ausbeuterische Mentalität geerbt.

Für dieses Konkurrenzverhalten hat uns die Natur mit einem Dominanzstreben begabt, dessen anspornende physiologische Mechanismen und Funktionen wir bereits besprachen und dessen weitere Auswirkungen als »Problemanlage« für die Gegenwart wir noch erörtern werden. An dieser Stelle ist es wichtig festzustellen, daß dies Streben auch den Wettlauf im Jetzt antreibt und der Erfolg im Jetzt über den schon erwähnten Hormonreflex belohnt wird. Daß wiederholter Erfolg dadurch eine Art Erfolgsrausch induziert, der unkritisch macht, sei in diesem Zusammenhang in Erinnerung gerufen. Wir setzen das Dominanzstreben auch instrumental ein, wenn wir mit Naturgewalten kämpfen und uns die Natur untertan machen. Das Streben nach Ansehen und Macht liegt ferner einer Erscheinung zugrunde, die ich als systemimmanente Dynamik menschengeschaffener Organisationen beschrieb. Widmen sich Menschen einer Aufgabe, deren gute Erfüllung ihnen Ansehen verleiht, dann sind sie bestrebt, diese bestens zu erfüllen und ihren Aufgabenbereich zu erweitern. Hat jemand einen Betrieb, dann wird er sich um dessen Wachstum und die Erschließung von neuen Märkten bemühen, gleich, ob es sich um Straßenbau oder die Produktion von Autos handelt. Da uns die Natur hier keine Begrenzungen auferlegte, neigt solches Wachstum zum Ausufern.

Glücklicherweise sind wir in der Lage, die Folgen unseres Handelns über längere Zeit im voraus abschätzen zu können, und wir wissen daher, daß der gegenwärtig mit archaischen Kurzzeitstrategien ausgetragene Konkurrenzkampf unsere Ressourcen wie Wasser oder urbares Land und damit die Lebensgrundlagen künftiger Generationen gefährdet. Dieses Wissen sollte uns in verantwortlicher Weise zu einem generationenübergreifenden Überlebensethos verpflichten, das die Zukunft der uns nachfolgenden Generationen absichert. Wir sind immerhin die ersten Wesen auf diesem Planeten, die sich Ziele dieser Art setzen können. Aber wir erweisen uns in der Praxis als ausgesprochen behindert, das aus Einsicht als notwendig Erkannte in die Tat umzusetzen.

Seit es Großgesellschaften gibt, plagen wir uns mit Experimenten wirtschaftlicher und politischer Führung, mehr durch Eingebung und daraus entwickelte Überzeugungen denn durch faktisch begründetes Wissen geleitet. Das gilt selbst für die unser Jahrhundert so entscheidend bestimmenden und bis zum heutigen Tage wirkenden Utopien des Marxismus und des Liberalismus, die ihre Thesen wissenschaftlich zu begründen suchten, sich jedoch allzuschnell in Überzeugungen festfuhren und ihre Thesen zum Dogma erhoben, mit nur geringer Bereitschaft zur Fehlerkorrektur.

Der Marxismus verfolgte das hehre Ziel, die Herrschaft des Menschen über den Menschen und die Ausbeutung von Menschen durch Menschen aufzuheben, und landete bekanntlich bei den blutigen Gewaltherrschaften in der Sowjetunion und anderen fundamentalsozialistisch regierten Ländern. Als Experiment scheiterte er, weil er die uns Menschen angeborenen Verhaltensdispositionen nicht in Rechnung stellte und damit in vielen Bereichen die Grenzen des Zumutbaren überschritt.

Der Liberalismus tritt für Rechtsstaatlichkeit und die Freiheit des einzelnen ein und wendet sich damit gegen radikalsozialistische Formen der Volksherrschaft, ja gegen jede staatliche Machtkonzentration, übersieht aber in seinem Plädoyer für die globale freie Wirtschaft, daß auch internationale Kapitalgesellschaften und Konzerne von Personen geführt werden, die wie jeder von uns nach Ansehen und Macht streben. Das kann über Machtzuwachs schließlich zu diktatorischen Formen der Herrschaft von Gesellschaften führen. Ganz abgesehen davon läuft jeder, der sich mit dem Plädoyer für einen absolut offenen, marktwirtschaftlichen Wettbewerb die Natur zum Vorbild nimmt, Gefahr, selbst in Schwierigkeiten zu geraten, handelt es sich dabei doch um eine Hochrisikostrategie, die Organismen im Falle des Versagens mit dem Tode bezahlen, Menschen zumindest mit dem Verlust ihres Vermögens. In den frühen achtziger Jahren haben zwei texanische Millionäre zu Spekulationszwecken in solchen Mengen Silber aufgekauft, daß der Kilopreis auf 3000 DM hinaufschnellte. Sie haben sich dabei übernommen, aber mit ihnen verloren auch viele Mitläufer Geld. Die ostasiatische Währungskrise von 1997/98 begann mit dem Zusammenbruch der Währung Thailands. Die Presse beschuldigte wiederholt den Währungsspekulanten George Soros, daß er gegen den Baht spekuliert habe. Ich kann das nicht beurteilen, aber es ist schon möglich, daß bereits heute einzelne Männer über so viel Macht verfügen. Sicher entspricht dies nicht ganz den ursprünglichen Vorstellungen des Liberalismus.

Wettstreit, ob ausgetragen mit den Waffen des Krieges oder mit den Strategien des wirtschaftlichen Wettbewerbs, sortiert immer nach Gewinnern und Verlierern. Mehrere Gründe drängen uns dazu, beide Formen des Wettstreits zu humanisieren. Zunächst die Tatsache, daß es sich bei einem ohne alle Konventionen rücksichtslos ausgetragenen Wettstreit um eine Hochrisikostrategie handelt. Im Falle der kriegerischen Auseinandersetzungen beobachten wir, daß sich Konventionen entwickelten wie zum Beispiel jene, die heute den Einsatz bestimmter Massenvernichtungswaffen tabuisieren. Der Einsatz atomarer, chemischer oder biologischer Waffen wäre für alle am Krieg Beteiligten riskant. In analoger Weise entwickelten sich als stammesgeschichtliche »Konventionen« die Turnierkämpfe vieler Tiere.

Beim Menschen spielen außer dem Bedürfnis nach Risikominderung auch humanitäre Erwägungen eine große Rolle. Unsere emotionale Grundausstattung ist in allen Völkern dieser Erde die gleiche. Zu ihr gehört nicht nur, daß wir uns über andere ärgern, wir empfinden vielmehr auch Sympathie und Mitleid, und diese Gefühle und die ihnen entsprechenden Verhaltensantworten werden durch bestimmte Ausdrucksbewegungen wie Weinen und andere Appelle ausgelöst. Unser Verhalten auch Feinden gegenüber wird daher nicht nur durch die Gefühle des Hasses bestimmt, wie bereits Sigmund Freud bemerkte. Jede Kriegspropaganda bemüht sich zwar darum, Gefühle der Sympathie dem Feinde gegenüber zu unterdrücken, doch gelingt dies nicht völlig (Eibl-Eibesfeldt 1975).

Im wirtschaftlichen Wettbewerb bietet eine vergleichbare Zivilisierung eine Reihe von Vorteilen. Ein rücksichtsloser Wettbewerb verschleudert nicht ersetzbare Ressourcen, ja, er gefährdet den Haushalt der Natur und den Boden, von dem wir leben. Er bedroht ferner den inneren und äußeren Frieden und damit auch auf längere Sicht die in diesen Wettbewerb verstrickten Unternehmen. Ohne einen gewissen allgemeinen Wohlstand als Voraussetzung für den sozialen Frieden kann es auf Dauer keine blühende Wirtschaft geben. Schließlich und nicht zuletzt entspricht rücksichtsloser Wettbewerb nicht ganz dem moralischen Empfinden einer technisch zivilisierten Gesellschaft.

Ich möchte im folgenden an Hand einiger Beispiele die fatalen Auswirkungen des Kurzzeitdenkens in Wirtschaft und Politik aufzeigen. Die Entwicklungen der letzten Jahrzehnte in der Landwirtschaft, Industrie und Migrationspolitik verdienen dabei unsere besondere Aufmerksamkeit, da hier in kurzsichtigen und wohl auch leichtfertigen Experimenten mit dem Glück künftiger Generationen gespielt wird.

Ich schildere die Entwicklungen, die mir Sorge bereiten, als Europäer, als Deutschösterreicher und als Wiener, das heißt aus der Sicht, die sich aus meiner sicher auch affektiv besetzten Identifikation mit Europa und meiner Kulturnation ergibt. Das hat nichts mit ethnischer oder eurozentrischer Überheblichkeit zu tun, sondern erwächst folgerichtig aus der Einbettung in einen Kulturraum, dem ich nach Abstammung angehöre. Erst das ermöglicht es mir, andere ebenso in ihrer Kultur verwurzelte Menschen zu verstehen und deren Bedürfnis nach Bewahrung ihrer ethnischen Identität zu würdigen. Damit bin ich übrigens auch in Übereinstimmung mit den Statuten der Vereinten Nationen, die jede kulturtötende Dominanz von Völkern über Völker ablehnen.

Mit den Problemen, mit denen ich mich im folgenden auseinandersetze, sind überdies alle Völker in diesem Gedränge auf der Erde konfrontiert. Für alle stellt sich gleichermaßen die Frage, ob es gelingt, unsere egozentrische Natur etwas zu zügeln. Wie stehen dafür die Aussichten?

3. Das Kurzzeitdenken in der Landwirtschaft

Die bäuerliche Kultur lehrt, daß Menschen in den verschiedensten Regionen dieser Erde gelernt haben, mit ihren Ressourcen pfleglich umzugehen und zu haushalten. Auch unsere bäuerlichen Vorfahren lebten nicht in den Tag hinein. Sie fühlten sich kommenden Generationen verpflichtet, und sie pflanzten für ihre Enkel Bäume, so wie ihre Vorfahren es für sie getan hatten. Und sie beuteten ihr Land nicht nur aus, zu dem sie eine enge affektive Beziehung hatten, etwas wie eine Liebe zum Land.

Ich fahre täglich von meinem Haus im oberbayerischen Söcking zu meinem Institut in Andechs durch eine bäuerliche Kulturlandschaft, die seit gut zweitausend Jahren bewirtschaftet wird. Kelten und Römer lebten von diesem Land und viele Generationen von Bayern bis zum heutigen Tag. Und es zeigt keinerlei Zeichen von Zerstörung. Auf den bronzezeitlichen Hügelgräbern weiden Kühe; mittelgroße Felder und Wiesen wechseln mit kleineren Wäldern. Dazwischen eingestreut liegen kleine Ortschaften mit Wohlstand verkündenden Höfen. Die auf pflegliche Art erwirtschafteten Produkte waren von hoher Qualität, und sie reichten aus, die Bevölkerung dieses Landes mit gesunden Produkten zu versorgen und den Produzenten einen gewissen Wohlstand zu sichern.

Dies alles änderte sich in den letzten drei Jahrzehnten

durch die industrielle Feldbestellung und durch die Massentierhaltung in dramatischer Weise. Beides gefährdet das bisher Erreichte. In bestimmten Gebieten Deutschlands, Frankreichs, Italiens und Spaniens werden heute sehr große Flächen mit schweren Maschinen bestellt, die den Boden verdichten. Die intensive Düngung tötet zwei Drittel der Bodenorganismen, und zwar vor allem die Regenwürmer, die ihn wieder lockern würden. Daher dringt das Regenwasser nicht schnell genug ein, und das wirkt sich vor allem nach der Ernte verhängnisvoll aus. Denn dann liegen die Felder viele Monate ohne schützende Pflanzendecke, Regen wäscht das Erdreich weg, und bei Trockenheit verbläst es der Wind. Glaubt man, so weitere zweitausend Jahre wirtschaften zu können? Keineswegs, aber das schert wenige. Im Augenblick erwirtschaftet man auf diese Weise die Produkte billiger als auf die traditionelle Art, weil man Arbeitskräfte spart. Und nur die Gegenwart zählt. Die industriellen Feldbesteller pflegen das Land nicht mehr, sie beuten es aus und lassen es verkommen. Einige werden dabei reich, aber viele Bauern dadurch arbeitslos. Ähnliches gilt für die Massentierhaltung.

In manchen Gegenden der Europäischen Union werden Hunderte von Schweinen und Rindern in Massenställen gehalten. Solche Massentierhaltung verdrängt die bewährten bäuerlichen Methoden der Viehhaltung. Auch hier werden einige wenige wohlhabend, während viele der kleineren und mittelgroßen bäuerlichen Betriebe zugrunde gehen. Daß die Produkte vom seuchenhygienischen Standpunkt aus nicht unbedenklich sind, dürfte mittlerweile bekannt sein. So haben wir uns mit dem Rinderwahnsinn eine höchst heimtückische Seuche eingehandelt, die uns eigentlich lehren sollte, daß wir mit der Massentierhaltung geradezu ein Experimentierfeld für die Züchtung pathogener Viren schaffen und durch die Viehtransporte kreuz und quer durch Europa auch noch deren weite Verbreitung fördern. Aber man experimentiert munter weiter. Die virale Schweinepest, die ist ja, wie uns ein Landwirtschaftsminister versichert, für den Menschen ganz ungefährlich. Wie lange noch? Wohl nie etwas von Mutanten gehört? In Hongkong hat sich erst kürzlich ein Hühnervirus zu einem für die Menschen sehr gefährlichen Grippevirus mutiert. Dagegen sind die Salmonellen in den Eiern der Batteriehühner noch vergleichsweise harmlos.

Auch qualitativ sind die Produkte der Massentierhaltung minderer Qualität, da sie oft mit Medikamenten überfrachtet sind. In der Tiermast verfüttert man, unter das Futter gemischt, als Leistungsförderer Antibiotika an Rinder, Schweine und Hühner. Von dem 1997 von den EU-Behörden verbotenen Mittel Avoparcin, das dem Medikament Voncomycin ähnelt, schütteten allein die Dänen 1994 ganze 24000 Kilogramm in die Futtertröge. Für die Behandlung von Patienten wurde im gleichen Zeitraum gerade ein Tausendstel (24 kg) verbraucht (Witte 1998). Auf diese Weise züchtet man resistente pathogene Keime. Muß erst die Katastrophe eintreten, damit wir etwas unternehmen? Die Massentierzucht ist weder sozial noch volkswirtschaftlich noch gesundheitspolitisch zu verantworten. Ganz abgesehen davon, daß sie nicht unseren ethischen Vorstellungen von Tierhaltung entspricht. Aber das alles wird verdrängt. Nicht die Interessen der Allgemeinheit zählen, sondern die der Massentierhalter, und diese fahren voll auf den Wettlauf im Jetzt ab, da sie gegen die Langzeitrisiken und andere Folgekosten durch die Allgemeinheit abgesichert sind. Das geht so weit, daß die Massentierzüchter vom Staat Unterstützung erhalten, wenn eine Seuche sie dazu zwingt, den Tierbestand umzubringen. Hier profitieren sie von den Gesetzen, die zum Schutz der Bauern erlassen wurden. Die industriellen Fleischerzeuger tarnen sich gewissermaßen als solche.

Wirtschaftlich macht sich das alles nur bezahlt, solange der Staat die Risiken und vor allem die von den Massentierzüchtern verursachten Soziallasten trägt. Wer die Allgemeinheit schädigt, schädigt aber letzten Endes auch sich selbst. Aber da sich die der Volkswirtschaft aufgehalsten Kosten auf viele verteilen, der Nutzen jedoch allein den auf Kosten der Allgemeinheit wirtschaftenden Betrieben zufällt, lohnt sich das zumindest vorübergehend für den so wirtschaftenden Unternehmer. Das alte Problem der *allgemeinen Güter* in neuer Form! Würden die vom Staat übernommenen Kosten in die betriebswirtschaftliche Kosten-Nutzen-Rechnung einbezogen, die so erwirtschafteten, keineswegs vollwertigen Produkte dürften sich überdies als ziemlich teuer erweisen.

4. Folgen für Industrie und Handel

Die neuen Technologien des elektronischen Zeitalters führten in den letzten zwei Jahrzehnten zu einer weltweiten Öffnung und Internationalisierung der Finanzmärkte, und mit dem progressiven Abbau der Handelsschranken entwikkelte sich auch ein globaler Markt für Dienstleistungen und Produktion. Die als »Globalisierung« bezeichnete Entwicklung hat gravierende Rückwirkungen auf die Volkswirtschaften, die sich der internationalen Verflechtung nicht entziehen können und die sich somit einem verschärften Wettbewerb ausgesetzt sehen, der mit der zunehmenden Anonymisierung der zwischenmenschlichen Beziehungen zunehmend rücksichtsloser wird. Diese Entwicklung engt den Handlungsspielraum der nationalen Volkswirtschaften ein und gefährdet soziale und kulturelle Errungenschaften. Vagabundierendes Kapital – Abermilliarden Dollar, die sich dem Zugriff der Nationalstaaten entziehen – schränkt die Entscheidungsmöglichkeiten der Nationalstaaten ein und schwächt sie und in Staaten mit demokratischer Verfassung auch die Volkssouveränität.

Eine solche schleichende Entmachtung im Verbund mit einer zunehmenden Verarmung breiter Bevölkerungskreise könnte auch bei uns zu Unruhen führen, die unsere Demokratie gefährden. Setzen sich die Staaten Europas überstürzt diesen Entwicklungen aus, dann gefährden sie somit ihre Existenz. Es ist daher wichtig, die systemimmanente Dynamik dieser Prozesse zu erkennen und sie unter Kontrolle zu bringen, solange noch Regierungen von ihrer Souveränität Gebrauch machen können.

Der Zusammenschluß der Staaten in der Europäischen Union, die sich auch für den europäischen Osten öffnet, schafft die machtpolitischen und kulturellen Voraussetzungen, um den demokratie- und kulturgefährdenden Folgen einer Globalisierung entgegenzutreten und so von positiven Folgen der Globalisierung zu profitieren, die, abgesehen von wirtschaftlichen Vorteilen, das geistige und kulturelle Leben ungemein bereichern und damit auch über die gegenseitige Achtung eine echte Verbrüderung fördern könnte. Dazu sollten wir aber der Globalisierung zunächst mit einer gewissen Zurückhaltung begegnen, um das in Europa bereits Erreichte nicht leichtsinnig zu gefährden. Wir hatten in den Ländern der Europäischen Gemeinschaft in Industrie und Landwirtschaft bereits einen hohen Standard umweltfreundlichen und zugleich sozial verantwortlichen Wirtschaftens erreicht. »Soziale Marktwirtschaft« hieß die seinerzeit von Ludwig Erhard propagierte Parole. Sie zivilisierte den Kapitalismus, indem sie umweltfreundliches und sozial verantwortliches Wirtschaften mit im übrigen freiem Wettbewerb verband. Schnelligkeit der Leistungserfüllung, Qualität des Angebots und der Dienstleistungen, Innovation und Geschicklichkeit der Märkteerschließung unter anderem durch kundenorientiertes und daher nicht notwendigerweise nur gewinnmaximierendes Verhalten waren dabei die Konkurrenzfaktoren, während dem ökologischen und sozialen Unterbieten durch Auflagen Grenzen gesetzt wurden. An diesem System gibt es sicherlich mancherlei zu korrigieren. Arbeitgeber und Arbeitnehmer müßten in Vereinbarungen symbiotische Beziehungen erarbeiten zu beiderseitigem Vorteil, in denen sich beide bereitfinden sollten, sich an die jeweilige Wirtschaftslage anzupassen und sowohl der Ausbeutung der Arbeitnehmer als auch dem Mißbrauch von Sozialleistungen gegenzusteuern. Hier befinden wir uns in der Experimentierphase, aber mit der Sozialen Marktwirtschaft sicherlich auf einem guten Weg. Gelingt es, die richtige Balance zu finden, dann sichern wir unsere Zukunft durch Erhaltung des inneren Friedens.

Was nützt die schönste Villa, wenn ich sie, wie in manchen Ländern der Neuen Welt, mit stacheldrahtbewehrten Mauern umgeben muß, wenn ich nachts nicht ungefährdet die Straßen der Großstädte betreten darf und wenn mein Gewissen durch den Anblick krasser Armut bedrückt wird, von Menschen, die im Winter in Kartons in Kaufhauseingängen übernachten oder über Entlüftungsschächten, aus denen warme Luft strömt. Es gehört eine gewisse soziale Blindheit dazu, wenn ein Land wie die USA sich des höchsten allgemeinen Lebensstandards brüstet, in dem soziales Elend dieser Art zum Alltag gehört. Mag sein, daß es sich statistisch so errechnet, aber einem Optimum an Lebensqualität ist das gewiß nicht gleichzusetzen.

Wir müssen befürchten, daß sich bei uns in Europa eine ähnliche Entwicklung anbahnt. Die globale Entwicklung fordere den freien, sprich rücksichtslosen Wettbewerb und den Abbau der Zollschranken, den freien Verkehr von Waren, Geld und Menschen. Man verkauft als Freizügigkeit, was in Wirklichkeit Ungezügeltheit bedeutet. Wir leben davon, daß wir unser Verhalten kultivieren, und dazu gehört auch ein umweltfreundliches und sozial verantwortliches Wirtschaften. Aber das kann man nicht, wenn man zuläßt, daß Billigprodukte aus Ländern, denen es an sozialer und ökologischer Verantwortung mangelt, importiert werden. Man kann auch nicht verlangen, in kostspielige Filteranlagen zu investieren, um Luft und Wasser sauberzuhalten, wenn man es dann vorzieht, dort einzukaufen, wo es billiger ist, weil dergleichen Auflagen fehlen.

Die Wirtschaft neigt heute dazu, sich die Natur beziehungsweise deren über die natürliche Auslese gesteuerten Konkurrenzkampf zum Vorbild zu nehmen. Aber die Natur kennt keine Moral und vor allem keine langfristige Zukunftsperspektive. Die Evolution lernt allzu oft aus Katastrophen. Auf Massenvermehrung folgen Bevölkerungszusammenbrüche mit Massensterben. Die Natur kann uns Lehrmeister sein, aber nicht in allem Vorbild. Wir können schließlich Handlungsfolgen über längere Zeit abschätzen, und wir können uns als erste Art auf diesem Planeten auch Ziele setzen – anders als die Natur verfügen wir über Gewissen und Moral. Beides verpflichtet uns, den Wettbewerb weiter zu zivilisieren, indem wir ihn auf Leistungen der schon genannten Art beschränken. Kurzfristig mag eine am natürlichen Vorbild orientierte Marktwirtschaft Vorteile bringen, langfristig gefährdet sie den sozialen Frieden und die Ökosysteme. All jene, die nur auf den Wettlauf im Jetzt fixiert wirtschaften und dabei die für ihr langfristiges Gedeihen notwendige partnerschaftliche Einbindung in die Solidargemeinschaft eines Staates vergessen, zerstören schließlich ihre eigene Zukunft.

Der völlig freie Verkehr von Menschen und Waren würde zu einem sozialen und ökologischen Dumping in jenen Ländern führen, die bereits einigermaßen zivilisiert miteinander und mit ihrer Umwelt umgehen. Auch bei uns in Europa sieht es ja mittlerweile nicht mehr rosig aus. Die moderne Technik, zunächst als Entlastung des Menschen gedacht, schafft sicher Probleme, das war schon bei der Einführung der Dampfmaschinen so, die bekanntlich viele Arbeiter überflüssig machte. Aber solche Entwicklungen wirkten sich auf längere Sicht immer segensvoll aus, da sie aufgefangen werden konnten. Innovation schuf neue Märkte und neue Produktionsmöglichkeiten, und der allgemeine Lebensstandard hob sich bis in die Gegenwart. Aber es gab immer Probleme mit Umschulung und Krisenzeiten, die man bewältigte.

Betriebswirtschaften, die meinen, nur ihr Eigeninteresse

ohne Rücksicht auf die Volkswirtschaft vertreten zu können, laufen Gefahr, auf lange Sicht sich selbst zu schädigen, denn sie gefährden den Staat, der sie schützt und der ihre Interessen auch im Ausland vertritt. Stehen sie allerdings in einem globalen Wettbewerb, dann sind sie zu rücksichtslosem Vorgehen gezwungen. Wenn wir daher unseren in Europa erarbeiteten sozialen und umweltfreundlichen Standard halten wollen, können wir uns nicht einem völlig freien Wettbewerb hingeben, wir müssen versuchen, die soziale und ökologisch verantwortliche Marktwirtschaft notfalls über Zollschranken zu erhalten.

Wieviel Markt hält die Demokratie aus? fragen Hans Peter Martin und Harald Schumann (1996) in ihrer bemerkenswerten Untersuchung zur Globalisierung, die sie als einen Angriff auf Demokratie und Wohlstand bezeichnen. Sie weisen darauf hin, daß die Nachfolger des IG Farbenkonzerns 80 % ihres Umsatzes im Ausland machen und nur noch ein Drittel der Belegschaft in Deutschland arbeitet. Nach Sitz und Firmenzentrale sind Bayer und Hoechst noch deutsche Firmen. Aber ein kuwaitischer Aktionär hat heute mehr Anteile an Hoechst als alle deutschen Aktionäre zusammen. Jürgen Dormann, Topmanager von Hoechst, stellte selbst die Frage: »Was ist noch deutsch an Hoechst?« (*Die Zeit*, 22. 7. 1996).

Wie Hans Peter Martin und Harald Schumann bemerken, ist es für den Manager eines global organisierten Konzerns kaum mehr möglich, gesellschaftliche Verantwortung nach Artikel 14 des Grundgesetzes zu erfüllen. (Art. 14 lautet: »Eigentum verpflichtet. Sein Gebrauch soll zugleich dem Wohle der Allgemeinheit dienen.«)

Martin und Schumann schreiben: »Eine demokratisch verfaßte Gesellschaft ist nur dann stabil, wenn die Wähler spüren und wissen, daß die Rechte und Interessen eines jeden zählen, nicht nur die der wirtschaftlich Überlegenen. Demokratische Politiker müssen daher auf den sozialen Ausgleich dringen und die Freiheit des Einzelnen zugunsten des Gemeinwohls beschneiden. Gleichzeitig bedarf die Marktökonomie unbedingt der unternehmerischen Freiheit, wenn sie prosperieren soll« (S. 312).

Sicher ein Dilemma. Auf die Ausgewogenheit wird es ankommen, und diese ist durch die Abkehr von der Sozialen Marktwirtschaft zur Zeit ziemlich aus dem Gleichgewicht geraten. Man kann nur hoffen, daß es sich nach einer die Wirtschaft zu sehr mit sozialen Nebenkosten belastenden Phase um einen extremen korrigierenden Ausschlag in die Gegenrichtung handelt und daß ein Einpendeln auf ein vernünftiges Maß erfolgt, das volkswirtschaftliche und damit nationale und europäische Interessen mit betriebswirtschaftlichen Interessen in Einklang bringt.

Politiker haben grundsätzlich die Aufgabe, die Gesellschaft zu schützen, die sie vertreten. Für die demokratisch gewählten Politiker Europas sind dies die Gemeinden und weiter aufsteigend in den Bundesrepubliken die Länder, die Staaten und schließlich durch das Europäische Parlament die Europäische Union. Zum Schutz der einzelnen Staaten ebenso wie der Europäischen Union ist eine gewisse Abschottung unerläßlich. Dem stehen Kurzzeitinteressen der Wirtschaft entgegen, die völlige globale Freiheit fordert. Diese könnte, wie ausgeführt, erst bei Erreichen eines gemeinsamen sozialen und ökologischen Lebensstandards sowie nach Institution verbindlicher Regeln für den Güter- und Kapitalverkehr vereinbart werden. Der zügellos freie Kapitalverkehr kann, wie die gegenwärtige Krise in Ostasien lehrt, Staaten empfindlich schwächen. Überdies stellt er auch für die Kapitalgesellschaften und für die international verflochtene Wirtschaft einen Risikofaktor ersten Ranges dar, da sich ja in diesem fast gesetzlosen Raum eine Art wirtschaftliches Faustrecht mächtiger, mafiaähnlicher Organisationen etablieren könnte. Und herrschen schließlich Monopolgesellschaften, dann dürfte das dem jetzt so gepriesenen Wettbewerb sicherlich nicht förderlich sein.

Das traditionell seriöse Unternehmertum lebt letzten Endes, wie wir bereits hervorhoben, von dem jeweiligen Staat, der seinen Heimathafen darstellt und der es gegen Enteignungen, Erpressungen und andere Formen der Piraterie schützt. In einer übervölkerten Welt, in der der Wettstreit immer rücksichtsloser zu werden droht, dürfen die zivilisierten Formen menschlichen Umgangs auch im Bereich der Wirtschaft nicht über Bord gehen. Jene Wirtschaften, denen es gelingt, eine ausgewogene Partnerschaft zwischen Wirtschaft und Staat zu erreichen, werden im gegenwärtigen globalen Wettbewerb bestehen, weil sie sich so gegen allzugroße Risiken durch den Erhalt der sicheren Basis ihres Heimatlandes absichern.

»Die Marktwirtschaft darf nicht das Soziale und dieses nicht die Marktwirtschaft fressen«, meinte Josef Schmid in einem höchst bemerkenswerten Beitrag zur Globalisierungsdebatte. Und weiter: »Globalisierung ist nicht nur Schicksal oder Ausgeliefertsein, demgegenüber nichts als Anpassung gefragt wäre. Sie zwingt dazu, sich über die eigenen Vorlieben klarzuwerden und darüber, was gegenüber Weltbewegungen als erhaltenswert erscheint.« Und schließlich: »Eine Wirtschaftspolitik, die den Menschen dient und nicht nur den Betriebseinheiten, wird in gewissem Umfange Nationalökonomie bleiben müssen. Die verzweifelte Suche nach dem patriotischen Unternehmer, der nichts auslagert, dem unverdrossenen Biologen, der nicht nach Asien geht, nach dem Arbeiter, der nicht pausiert, kann beginnen« (J. Schmid, *Frankfurter Allgemeine Zeitung* vom 22. 8. 1996).

Wir dürfen uns den ungezügelten Wettbewerb in der Natur nicht zum Vorbild nehmen, wenn wir unsere Zukunft nicht riskieren wollen. Die Natur kann nicht anders, als mit dem vollen Risiko des Wettlaufs im Jetzt zu operieren. Wir aber können es wohl.

Nach der Niederschrift dieser Zeilen erschien im *Spiegel* ein bemerkenswertes Gespräch zwischen Schimon Peres und George Soros über die Grenzen und Möglichkeiten nationaler Politik in Zeiten der Globalisierung. Ich halte diesen Dialog für sehr wichtig und gebe daher einen Auszug wieder, den ich dem *Spiegel* (mit Erlaubnis) entnehme:

Soros: Wirtschaftlich und politisch wird weiterhin einseitig auf Konkurrenz und Konflikt gesetzt. Kooperative Ansätze, wie die der Vereinten Nationen und ihrer Organisationen, haben bisher versagt. Doch der einseitige Glaube, daß Ökonomie und Sozialdarwinismus die Richtlinien für unsere Gesellschaft sein können, ist genauso falsch. Und dies wird nirgends deutlicher als auf den globalen Finanzmärkten.
Peres: Einspruch. Schließlich sind die Finanzströme der Schlüssel der globalen Wirtschaft. Weltweit erreicht der Handel nur ein Zehntel des Werts der Bewegungen auf den Finanzmärkten.
Soros: Das weltweite kapitalistische System basiert auf der falschen Prämisse, daß man nur die Wettbewerber ihre freien Entscheidungen treffen lassen muß, und dann wird sich das ganze System ins Gleichgewicht bewegen. Die Instabilität liegt im System. Märkte können sich selbst korrigieren: Teilnehmer erkennen, daß sich ihre Erwartungen nicht erfüllen, und korrigieren ihre Entscheidungen. Darin liegt der Vorteil der Marktwirtschaft gegenüber der Planwirtschaft. Aber Finanzmärkte bergen die Gefahr selbstzerstörerischer Entwicklungen. Die »unsichtbare Hand« muß nicht notwendigerweise ausgleichend eingreifen. Asien hat gezeigt, daß sie wie eine Abrißbirne wirken kann. Die Finanzmärkte brauchen Aufsicht und Regeln. Wir haben nationale Institutionen wie die Notenbanken, die auf Geldwertstabilität achten, auf den Markt reagieren und intervenieren. Aber uns fehlen vergleichbare Institutionen auf globaler Ebene. Ohne solche Einrichtungen laufen wir auf einen Kollaps des globalen kapitalistischen Systems mit unabsehbaren Folgen zu.

Im weiteren Verlauf bemerkt Peres, daß der Markt zwar Mauern niederreißen, Wohlstand produzieren, aber nicht Stabilität sichern könne. Er könne nicht für die Gesundheitsvorsorge der Kinder und die Renten der Alten in Verantwortung genommen werden. Schließlich stellt er die Frage, wo denn die soziale Gerechtigkeit bleibe:

> *Soros:* Ich bin für soziale Verantwortung. Ich liebe das kapitalistische System, aber ich weiß, daß es unvollkommen ist. Mich beunruhigt die globale Freizügigkeit des Kapitals, das erschwert seine Besteuerung. Dies beeinträchtigt die Fähigkeit der Staaten, soziale Leistungen anzubieten. Die Armen müssen mehr zahlen, weil die Reichen abhauen.
> *Peres:* An diesem Punkt finden wir zusammen. Wenn die Staaten nicht mehr wahrnehmen, daß es soziale Herausforderungen gibt, die gemeinsames Handeln verlangen, sind wir verloren.
> (*Der Spiegel*, Nr. 15, 1998, S. 121; hier auszugsweise Wiedergabe. Ursprünglicher Verteiler: Los Angeles Times Syndicate, C. Schimon Peres.)

Zur Zeit sehen wir uns mit der erstaunlichen Situation konfrontiert, daß viele Politiker durch eine kritiklose Befürwortung der Globalisierung an der Selbstdemontage ihrer Staaten aktiv mitwirken, indem sie vieles treiben lassen und damit auf das Regieren verzichten, ja selbst in den Tag hineinwirtschaften. Dazu gehört auch, daß sie sich dem Ausland gegenüber durch Kreditaufnahme verschulden und daß sie Staatsbesitz an das Ausland verkaufen. Erfolgt hingegen eine Kreditaufnahme auf dem inländischen Markt, dann werden Inländer zu Gläubigern und profitieren über die Zinseinnahmen an den Einnahmen des eigenen Staates, was zum allgemeinen Wohl beiträgt und daher volkswirtschaftlich zu verantworten ist. Auch bleiben die Steuereinnahmen im Lande. Das gleiche gilt für den Verkauf von Betrieben und anderen Vermögenswerten an Inländer oder Europäer. Der gegenwärtig betriebene Verkauf von Staatseigentum im Rahmen der Privatisierung macht den Staatsbürger oder Deviseninländer zum Miteigentümer. Solange der Staat bei Aktiengesellschaften Miteigentümer mit Stimmenmehrheit bleibt, ist diese Art »Volkskapitalismus« durchaus im Sinne einer sozialen Marktwirtschaft. Auch innerhalb der Europäischen Union ist ein freier Transfer dieser Art unbedenklich, da er ja auf Reziprozität basiert und die Europäische Union ein wirtschaftliches und soziales Gemeinwesen darstellt. Außerhalb der Union wäre darauf zu achten, daß ein Staat nicht mehr, sondern eher weniger verkauft, als er selbst im Ausland anlegt. Ein Staat, der darauf nicht achtet, gerät leicht in die Abhängigkeit von anderen, er läßt sich von anderen gewissermaßen wirtschaftlich erobern. Global herrscht eine Art Wirtschaftskrieg. In diesem gibt es sowohl Verbündete wie Gegner. Und die Bündnisse wechseln bekanntlich. Staatsbankrott, der zum Ausverkauf führt, kommt einer Niederlage gleich, mit allen wirtschaftlichen und damit sozialen Folgen für das schlecht geführte Land. Wir würden zwar gern in einer friedlichen Welt leben. Aber noch sind wir von einer solchen weit entfernt, und wer blind vertraut oder gar als einseitiger Altruist auftritt, ist nicht lange auf dem Markt.

Unsere mangelnde Fähigkeit, wirtschaftliche oder politische Entwicklungen vorauszusehen, beruht auf einer unzureichenden Kenntnis der dem Verhalten von Personen und Personengruppen zugrunde liegenden Gesetzlichkeiten. Nur so konnten die Wallstreet-Ökonomen glauben, sie handelten vernünftig, als sie in den späten siebziger Jahren den unterentwickelten Ländern Geld liehen, das durch die Erhöhung der Erdölpreise durch die OPEC-Staaten ausreichend zur Verfügung stand und nach Anlagen suchte. Im Juni 1997 waren einige der Spitzen-Ökonomen der Meinung, daß in Ostasien wirtschaftlich alles in Ordnung sei. Hier könne nichts schiefgehen. Es kam ganz anders als erwartet. In einem Editorial der Samstagsausgabe des *International Herald Tribune* vom 30. 5. 1998 meinen Ethan Kapstein und Thierry Malleret, man hätte die familialen und patriarchalen Netzwerke nicht in Rechnung gestellt, sondern nur die Exporterfolge gesehen. Wir sollten, schreiben die Genannten, den Regierungen, die unsere Investitionen wünschen, die Nachricht zukommen lassen: »We are watching you and we will publicize your misdeeds. Only in that way can we hope to eliminate the political rot that lies at the core of most economic crises.« Aber wäre nicht auch nach der blinden Gier in uns zu fragen, nach dem kurzsichtigen Streben nach Macht? Eine Gier, die ungezähmt uns alle wohl zu Hasardeuren macht, wie die Massenspekulationen an den Börsen zeigen.

5. Die neue Völkerwanderung

Klimawechsel, Hungersnöte und Kriege haben zu allen Zeiten Menschen zu Wanderungen gezwungen. Die Völkerwanderung der germanischen Stämme vom dritten bis sechsten Jahrhundert und ihre Auswirkungen auf Europa sind allgemein bekannt, ebenso die sich über Jahrhunderte wiederholenden Einfälle mongolischer Reitervölker in Europa. Unsere Vorfahren lebten in einer unruhigen Welt, und unser Jahrhundert ist nicht gerade ruhiger geworden. Nach zwei katastrophalen Kriegen haben allerdings die technisch zivilisierten Nationen der nördlichen Halbkugel allmählich zu einer Friedensordnung gefunden, die sich bisher bewährt hat. Wir dürfen darüber aber nicht übersehen, daß gegenwärtig etwa 40 bis 50 Millionen Menschen als Flüchtlinge leben. Sie kommen aus den übervölkerten Armutsregionen der Erde, die nicht mehr in der Lage sind, ihre rasch zunehmende Bevölkerung zu ernähren. Die Situation ist kritisch, da die ökologische Tragekapazität in vielen Gebieten dieser Erde bereits überschritten ist.

Die Bevölkerungen Europas, der USA, Kanadas und Japans sowie einiger anderer Regionen leben dagegen in Wohlstand, der vor allem auf dem bisher ungebremsten Verbrauch fossiler Energieträger beruht, die sich nicht erneuern. Die bis heute bekannten Erdöllager reichen für 150 Jahre, aber selbst wenn sie dann nochmals für weitere hundert Jahre reichen würden – begrenzt sind sie allemal. Das gilt auch für viele mineralische Rohstoffe und schließlich auch für das Land, in dem wir leben, das zunehmend von Verkehrswegen, Siedlungen, Fabrikationsanlagen verbaut und zersiedelt wird und das nur noch schwer die Abwässer und unseren Müll verkraften kann. Nicht nur die Flüsse, auch unser Grundwasser und unsere Luft sind in manchen Gebieten in einem gesundheitsbedrohenden Ausmaß belastet. Deutschland gehört mit 227 Bewohnern pro Quadratkilometer zu den übervölkerten Ländern. In den USA kommen im Vergleich dazu 24 Einwohner auf den Quadratkilometer.

Auch die anderen Länder Europas sind bis an die ökologische Tragfähigkeit bevölkert oder sogar schon darüber hinaus. Alle sind vom Import von Gütern abhängig und damit krisenanfällig, so daß ein gleichmäßiges Gesundschrumpfen auf das Optimum einer kulturellen Tragekapazität durchaus vernünftig wäre. Bei der gegenwärtigen Weltlage kann auch die Wohlstandsregion Europa vom einen Tag auf den anderen zu einer Problemregion werden. Wie schnell das auch ohne ökologische Katastrophen passieren kann, hat die jüngste Entwicklung in den sogenannten Tigerstaaten Ostasiens gezeigt.

Und wir haben immerhin zwei Ölkrisen hinter uns – eine deutliche Warnung! Aber unser Kurzzeitdenken – die mangelnde Fähigkeit, vorauszudenken – wird durch ein ebenso fatales Kurzzeitgedächtnis ergänzt. Wir erinnern uns zwar, aber das liegt ja schon so lange zurück: Am 17. Oktober 1973 beschlossen die erdölexportierenden Länder (OPEC), ihre Ölproduktion zunächst um 5 % und bald darauf, am 25. November, um 25 % zu drosseln, um Israel zum Rückzug aus den besetzten arabischen Gebieten zu veranlassen. Das traf uns Europäer hart. Es gab Sonntagsfahrverbot und damit leere Autobahnen – eine kurze Erholungszeit für unsere arg geplagte Kleintierwelt.

Nicht allzulange liegt es zurück, da brannten die Ölquellen in Kuwait. Was haben wir daraus gelernt? Offenbar doch nur, daß wir wieder einmal Glück hatten – und dies bekräftigt uns in der Meinung, daß es schon irgendwie weitergehen wird. Aber was, wenn einmal die ganze Arabische Halbinsel brennt? Gar so ausgeschlossen ist das ja nicht. Aber wir sind Meister in der Verdrängung unangenehmer Gedanken.

Im Wettlauf im Jetzt verstrickt, transportieren wir die in der Nordsee gefangenen Garnelen nach Nordafrika, um sie dort von billigen Arbeitskräften von ihrer Körperhülle befreien zu lassen, dann geht's auf riesigen Lastern wieder zurück nach Norddeutschland. Kartoffeln fährt man mit Lastern nach Italien zum Waschen, und Kälber exportiert man lebend nach dem Vorderen Orient, und die Europäische Union fördert dieses jeder Vernunft und jedem moralischen Empfinden Hohn sprechende Verhalten durch Prämien. Und trotz der an Wochenenden immer wiederkehrenden Staus, trotz der zugeparkten Städte fahren wir alle mit dem Auto. Wir können vielfach nicht anders, denn die öffentlichen Verkehrsmittel reichen nicht aus. Unrentable Nebenstrecken werden nur spärlich mit Autobussen versorgt, Bahnstrecken, die unrentabel sind, werden stillgelegt. Der Staat zieht sich aus seiner Verantwortung zurück.

Nun dürfen wir nicht übersehen, daß in Europa in den letzten Jahrzehnten durchaus über diese Problematik nachgedacht wurde. Man denkt an die Umwelt, denkt an den Abgasausstoß und hat dabei schon viel erreicht. Allerdings darf man auf unseren Autobahnen immer noch ein Wahnsinnstempo fahren. Acht- bis zehntausend Verkehrstote im Jahr, mehrere hunderttausend Verletzte und Milliarden an

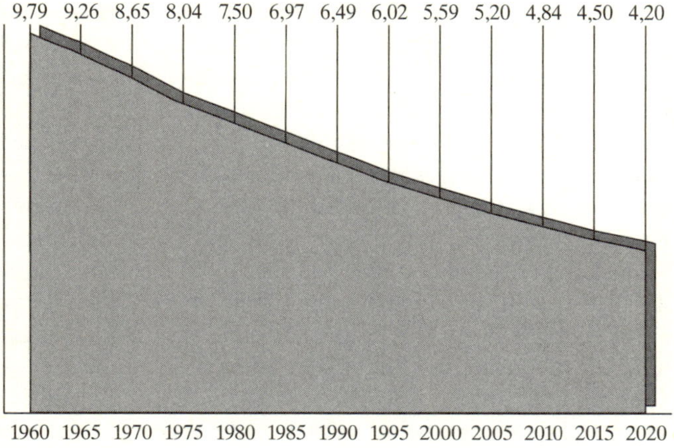

Abb. 21 Der Anteil der Bevölkerung der Europäischen Gemeinschaft/Union an der Weltbevölkerung (in Prozent). Von 1960 bis heute ist ein kontinuierlicher Rückgang zu verzeichnen. Quelle: Eurostat 1993, Statist. Amt der EU, Luxemburg.

Sachschäden vermögen uns nicht zu bremsen. Seit 40 Jahren herrscht Krieg auf Europas Straßen. Mit der Katastrophenvorsorge ist es ebenfalls nicht gut bestellt. Ich erinnere mich noch an die ständigen Klagen über die Butter- und Fleischberge in den Kühlhäusern. Es gelang, sie zu Schleuderpreisen zu leeren, man spricht nicht mehr davon. Aber was, bitte, wenn aus klimatischen Gründen einmal zwei Mißernten hintereinander die nördliche Halbkugel heimsuchen? Die Weltgetreidevorräte reichten in den letzten Jahren immer gerade für zwei Monate. Auf Anfrage im zuständigen Ministerium in Bonn erfuhr ich, daß man davon ausgeht, auf dem Weltmarkt jederzeit die benötigten Lebensmittel einkaufen zu können. Ich schätze Zuversicht, aber das scheint mir ein bißchen zu optimistisch. Wir brauchen Vorsorge für den Ernstfall und dürfen uns nicht aller Reserven entblößen.

Unsere Befangenheit im Gegenwartsdenken wirkt sich,

wie wir gehört haben, in vielfacher Weise aus. Besonders problematisch scheint mir die Art, wie wir uns seit den späten sechziger Jahren mit der Migrationsproblematik auseinandersetzen. Ich bin in zwei Schriften ausführlicher auf sie eingegangen (Eibl-Eibesfeldt 1984, 1994), kann aber nicht umhin, hier noch einmal auf sie hinzuweisen. Die Migrationsproblematik entwickelte sich in Westdeutschland in der Konjunkturphase der sechziger Jahre mit der Anwerbung ausländischer Arbeitskräfte. Man ging damals davon aus, daß die Gastarbeiter nach einiger Zeit in ihre Heimat zurückkehren würden. Das hätte auch eine Art Entwicklungshilfe für die ärmeren Länder sein können, denn die Heimkehrer hätten mit der erworbenen Ausbildung und dem Ersparten ihrem Land wirtschaftlich helfen können, und wir hätten Freunde gewonnen. Man versäumte es jedoch, die Arbeitsverträge generell als Zeitverträge abzufassen, und da es den Zugewanderten hier gefiel und sie hier mit allen Sozialleistungen angestellt wurden, blieben mehr hier als zurückwanderten. Arbeitslosenhilfe und Sozialhilfe brachten ja für viele mehr ein als eine Anstellung in ihrem Heimatland. Außerdem war die einheimische Bevölkerung zunächst ausgesprochen ausländerfreundlich.

Das Gesetz über die Familienzusammenführung erlaubte dann den Nachzug von Familienangehörigen. Daß es Krisenzeiten geben könnte mit Massenarbeitslosigkeit, daran dachte niemand. Erst als die erste Ölkrise eintrat, bemerkte man plötzlich, daß sich hier ein Problem aufbaute. Die ins Land Gerufenen stellten einen großen Teil der Arbeitslosen. Man zahlte Prämien für jene, die in ihre Heimat zurückgingen, versäumte es aber, weitere Einwanderung wirksam zu begrenzen, etwa durch Änderung des Gesetzes über die Familienzusammenführung.

Ein weiterer Fehler war, daß man Einwanderer aus unserer Kultur ferneren Bereichen dazu ermunterte, ihre Kultur hier zu pflegen, zunächst wohl, um sie ihrer Kultur nicht zu entfremden und damit die Heimkehr zu erleichtern. Damit förderte man jedoch die Bildung von Minoritäten, die sich abgrenzten und ihre Eigeninteressen vertraten. Die Situation war von Anfang an verkorkst. Und man scheute sich, zur rechten Zeit Korrekturen vorzunehmen, da man wohl den Vorwurf der Ausländerfeindlichkeit fürchtete, baute aber damit erst Spannungen auf.

Vor allem die einheimische Bevölkerung der niederen und mittleren Einkommensklassen spürte die Konkurrenz der Zugewanderten um Arbeitsplätze, Sozialleistungen und Wohnungen. Spannungen wurden dadurch verschärft, daß die Zuwanderer sich nicht gleichmäßig verteilten, was eine Assimilation erleichtert hätte, sondern sich auf bestimmte Stadtviertel konzentrierten, so daß zum Beispiel der Stadtteil Kreuzberg in Berlin bald als die größte türkische Stadt nach Ankara galt[7].

Die Zuwanderungsproblematik verschärfte sich, als Menschen aus wirtschaftlichen Notgebieten herausbekamen, daß die deutschen Asylgesetze forderten, jeden, der sich als politisch Verfolgten ausgab, zunächst aufzunehmen – geschickte Anwälte nutzten dies, denn wenn ein Asylsuchender Rechtshilfe verlangte, mußte man diese gewähren. Wurde schließlich das Asylgesuch als unbegründet abgelehnt, dann konnte Einspruch erhoben und die Heimkehr über viele Jahre verzögert werden. Schlepperbanden brachten aus Afrika, Indien, Afghanistan und anderen Notstandsregionen Wirtschaftsflüchtlinge ins Land, die ganz offensichtlich die Asylgesetze mißbrauchten, was den Unmut der einheimischen Bevölkerung schürte, zumal es sich bei diesen Zuwanderern um Menschen handelte, die nur darauf aus waren, ihre Gastgeber auszunützen. Die Problematik ist genügsam bekannt. Zunehmend wurden auch Kriegsflüchtlinge zur Belastung.

Unterschiede im Brauchtum und in den Alltagsgewohnheiten verschärften die Gegensätze zwischen Einheimischen und Zuwanderern, die bald merken mußten, daß sie nunmehr weniger willkommen waren. Sie entwickelten ihrerseits zu der üblichen Abgrenzung noch eine Abwehrhaltung, die vor allem bei den durch die Entwurzelung frustrierten Jugendlichen zu zunehmender Gewaltbereitschaft führte.

Mit der Erklärung dieser Entwicklung waren selbsternannte deutsche Gesellschaftskritiker schnell zur Hand: Die Ablehnung der Fremden durch die Deutschen sei daran schuld beziehungsweise deren unbelehrbarer Rassismus. Auch in England und Frankreich waren es immer die eigenen Landsleute, die als gutmeinende Befürworter der Immigration den Inländern die Schuld an den sich entwickelnden Spannungen in die Schuhe schoben.

Daß beim Scheitern der Assimilation bestimmter Gruppen von Einwanderern außer kulturellen Traditionen auch biologische Faktoren eine Rolle spielen könnten, wurde und wird in den meisten Diskussionen der Einwanderungsproblematik in den westeuropäischen Ländern überhaupt nicht zur Sprache gebracht. Man meidet jeden Hinweis auf eine solche Möglichkeit, es sei denn, man verbindet ihn sogleich mit dem Bekenntnis, daß dergleichen als »biologistische Interpretation« gar nicht ernsthaft zu erwägen, ja als rassistisch abzulehnen sei. Man spricht in Deutschland von einer Sackgasse des Gesetzes der Abstammung (*jus sanguinis*), demzufolge die Staatsangehörigkeit eines Kindes in erster Linie derjenigen der Eltern folgt, ein Gesetz, das übrigens nicht nur für Deutschland und Österreich, sondern auch für andere Länder Europas sowie für die meisten asiatischen Völker gilt.

Man fordert, Deutschland möge dem Vorbild Frankreichs folgen und das liberale *jus solis* übernehmen, das Territorialitätsprinzip, demzufolge sich die Staatsbürgerschaft nach dem Territorium bestimmt, auf dem ein Kind geboren wird. Man übersieht, daß dies ursprünglich ebenfalls eine Regel war, die dazu diente, durch Abstammung Verbundene zusammenzuhalten, denn in den meisten Territorien lebten ja zunächst über viele Generationen durch Blutsverwandtschaft verbundene Menschen. Im Grunde dienten also beide Prinzipien dazu, biologisch-anthropologisch nach Verwandtschaft einander näherstehende Menschen in einer größeren Interessengemeinschaft zusammenzuhalten, und erst mit der Masseneinwanderung von Immigranten aus der eigenen Kultur fernen Gebieten kamen Länder wie Frankreich mit ihrem Territorialitätsprinzip in Schwierigkeiten. Aus Nordafrika stammende muslimische Franzosen haben als ethnische Solidargemeinschaft andere Interessen als Franzosen europäischer Herkunft. Es gibt daher auch in Frankreich zunehmend Stimmen, die sich um eine Änderung des Staatsbürgerschaftsgesetzes bemühen, und sie kommen keineswegs nur von rechtsradikaler Seite.

Die deutsche Ausländerpolitik wird oft als eine Mischung von Ängsten, Verbohrtheit, Tabus und Hilfsbereitschaft beschrieben. Das trägt nicht zur Klärung der Problemlage bei. Sicher ist es richtig, wenn Antonia Grunenberg (in der *Süddeutschen Zeitung* vom 23. 3. 1998) als Rezensentin des wichtigen Buches von Emmanuel Todd über das Schicksal der Einwanderer in Deutschland, den USA, Frankreich und Großbritannien schreibt, daß es »vorpolitische Mentalitäten und Habitusformen, Aberglauben und archaische Ängste« sind, die die politische Einsetzung eines liberalen Einbürgerungsrechts und damit auch einer, wie sie schreibt, »vernünftigen« Einwanderungspolitik verhindern. Aber ist eine Einwanderungspolitik, die den inneren Frieden eines Landes so massiv gefährdet, wie wir das in Frankreich, in manchen Städten Englands, Deutschlands und in den Vereinigten Staaten beobachten können, wirklich so vernünftig? Die »archaischen Ängste« gehen wohl, wie wir aufzeigten, auf Programme der Abgrenzung zurück, die als stammesgeschichtliche Anpassungen sowohl der Entstehung wie auch der Erhaltung ethnokultureller und, im Gefolge, biologisch-anthropologischer Vielfalt dienen. Und damit muß man eben rechnen.

Diese Vielfalt wird von den Statuten der Vereinten Nationen als schützenswert anerkannt, und es gibt, wie wir ausgeführt haben, durchaus vernünftige Gründe, diese überlebenssichernde und damit evolutionistisch bedeutungsvolle Vielfalt zu erhalten. Sie spiegelt auf einer höheren humanspezifischen Ebene die Strategie wider, mit der sich der Lebensstrom in der organismischen Evolution absichert. Bauen sich in einem Land über Immigration, sei sie nun massiv oder infiltrativ, Minoritäten auf, dann geht dies nur gut, solange sich keine Interessenkonflikte mit der autochthonen Bevölkerung entwickeln. Sobald solche jedoch bemerkbar werden, wird der innere Friede bedroht.

Hinter den »irrationalen Ängsten«, die das Miteinander erschweren, stehen demnach durchaus begründete Sorgen um die Erhaltung des inneren Friedens. Ist ein Land allzu großzügig in der Gewährung der Staatsbürgerschaft an Ausländer, die zwar bleiben wollen, aber wegen der großen ethnischen und biologisch-anthropologischen Unterschiede zur Bevölkerung des Landes ihrer Wahl keine wirkliche Bereitschaft zur Assimilation zeigen, dann lädt sich ein Land unter Umständen ein schweres Problem auf, wird doch mit der Verleihung der Staatsbürgerschaft über das Wahlrecht die politische Mitbestimmung gewährt. Das kann bedeuten, daß eine Minorität als Interessengruppe die weiteren Einwanderungsgesetze und Einbürgerungsgesetze auf entscheidende Weise selbst gegen die Interessen der Autochthonen bestimmt. »Die Serben haben die Panzer, die Albaner die demographische Bombe – ein mörderisches Patt«, lautet der Kommentar der *Süddeutschen Zeitung* vom 1. 7. 1998 zur Lage in der Provinz Kosovo. Die Albaner haben seit Generationen die höchste Fortpflanzungsrate Europas.

In den letzten Jahren mehren sich auch deutsch-türkische Stimmen zum Immigrationsproblem und zu Fragen der Staatsbürgerschaft. Lala Agkün, eine in Deutschland aufgewachsene und ausgebildete Psychologin, beschreibt die Integrationsschwierigkeiten klar. Fremdheit führe zur Abkapselung, und dies sei ein Grund für die neuerdings festzustellenden mangelhaften Deutschkenntnisse hier geborener türkischer Kinder: »Obwohl sie zum großen Teil selbst schon in Deutschland aufgewachsen sind, ziehen es viele junge türkische Männer vor, sich ihre Ehepartner aus dem Heimatland zu holen. Dieser Trend zur Rückwendung zur Herkunftsgesellschaft, der sich dann auch auf die Kinder auswirkt, wird umso stärker, je weniger sich die Gesellschaft, in der die Zuwanderer leben, öffnet und ihnen eine neue Identität anbietet« (so laut *Süddeutscher Zeitung* vom 9. 3. 1998). In diesem letzten Satz wird den sich abgrenzenden Deutschen die Schuld an dieser Entwicklung zugeschoben. Sie sollen sich gefälligst ändern. Daß dieser Konflikt auf gegenseitiger Abgrenzung beruht und nicht auf einseitig abweisenden Ortsansässigen und freundlich nach Assimilation und voller Identifikation mit den Deutschen strebenden Türken, wird übersehen. Lala Agkün übt Kritik am deutschen Staatsbürgerschaftsgesetz und meint, man solle den türkischen Zuwanderern die Möglichkeit zum Erwerb der doppelten Staatsbürgerschaft gewähren, weil dies deren Integration erleichtern würde. Die Möglichkeit, daß dadurch eventuell auch ein starker Kern deutscher Türken mit türkisch-ethnischer Loyalität entstehen würde, der durch den Erwerb des mit der Staatsbürgerschaft verbundenen Wahlrechts türkische Interessen vertreten könnte, wird nicht angesprochen. Da Experimente dieser Art in Hinblick auf ein friedliches Miteinander riskant sind, sollte man sich zunächst um die loyale und auch emotionelle Eingliederung der Zuwanderer bemühen und erst wenn diese sich auch kulturell als Angehörige des Landes ihrer Wahl fühlen, die Staatsbürgerschaft verleihen.

Um dies zu erreichen, könnte man denken, erzieherisch auf die Zugewanderten einzuwirken. Das heißt nicht, daß kulturelles Eigenleben unterdrückt werden soll, aber man könnte sich um »Abwerbung« im Interesse des inneren Friedens bemühen. Und um das zu erleichtern, sollte man sich mit der Aufnahme weiterer Immigranten, insbesondere

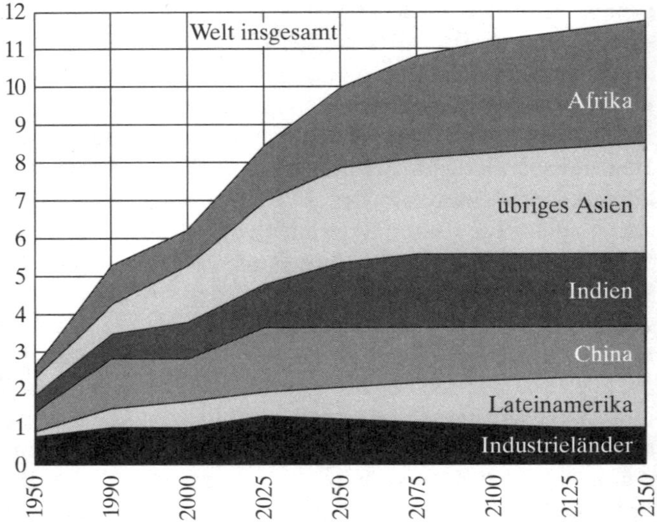

Abb. 22 Bevölkerungsprognosen des Weltbevölkerungsberichts (mittlere Variante). Nach Regionen in Milliarden. Quelle: UNFPA 1992, *United Nations Fund for Population Activities.*

durch das Gesetz über die Familienzusammenführung, zurückhalten. *En-bloc*-Einwanderung führt fast stets zur Abgrenzung der einwandernden Minoritäten. Und haben diese einmal ein Stadtviertel in Besitz genommen, dann bleibt eine feste Minorität weiterhin türkisch, selbst wenn es einen steten Abfluß in die deutsche Bevölkerung mit Identitätswechsel und Einheirat in deutsche Familien geben würde.

Die Erfahrung lehrt, daß die europäische Binnenwanderung dagegen keine Langzeitprobleme schuf, da sich die Zuwanderer stets voll integrierten, was bei der nahen kulturellen und biologisch-anthropologischen Verwandtschaft nicht sonderlich zu verwundern braucht. Mit dem Aufbau sich abgrenzender Minoritäten in einer relativ homogenen Nation Europas werden jedoch bald Grenzen der Belastbarkeit erreicht, und wer dies nicht in Rechnung stellt, handelt im Kurzzeitdenken befangen unbedacht und damit, wenn in verantwortlicher Position, auch unverantwortlich. Es ist erstaunlich, daß viele Politiker trotz all der Schwierigkeiten, die man sich in Deutschland und Österreich aus gutem Willen mit der großzügigen Aufnahme von Arbeitssuchenden und Notleidenden aller Art einhandelte, dafür eintreten, den hier geborenen Kindern aus den Problemgruppen die Staatsbürgerschaft zu gewähren und damit ihr Hierbleiben festzuschreiben. Sie meinen, das würde ihrer »Ausgrenzung« entgegenwirken, was höchst zweifelhaft ist. Der Glaube, es werde schon gutgehen, legitimiert noch nicht zu solch möglicherweise folgenschweren Experimenten mit Menschen.

Die Gefahren, die einem dichtbevölkerten, ethnisch relativ homogenen Land durch starke Zuwanderung von Personen aus seiner Kultur fernen Bereichen erwachsen, haben führende Politiker der Bundesrepublik Deutschland bereits in den frühen achtziger Jahren erkannt. Im November 1981 faßte die SPD/FDP-Regierung unter dem damaligen Bundeskanzler Helmut Schmidt den Beschluß: »Es besteht Einigkeit, daß die Bundesrepublik Deutschland kein Einwanderungsland ist und auch nicht werden soll. Das Kabinett ist sich einig, daß für alle Ausländer außerhalb der EG ein weiterer Zuzug unter Ausschöpfung aller rechtlichen Möglichkeiten verhindert werden soll.« Im Februar 1982 beschloß die gleiche Regierung: »Nur durch eine konsequente Politik der Begrenzung ... läßt sich die unverzichtbare Zustimmung der deutschen Bevölkerung zur Ausländerintegration sichern. Dies ist zur Aufrechterhaltung des sozialen Friedens unerläßlich.« Damals waren 4,6 Millionen Ausländer in der Bundesrepublik. Heute (1998) sind es 7,31 Millionen. Allein der türkische Bevölkerungsanteil zählt 2,2 Millionen, was der Bevölkerung von 22 Großstädten à 100000 Einwohnern entspricht. In den letzten fünf

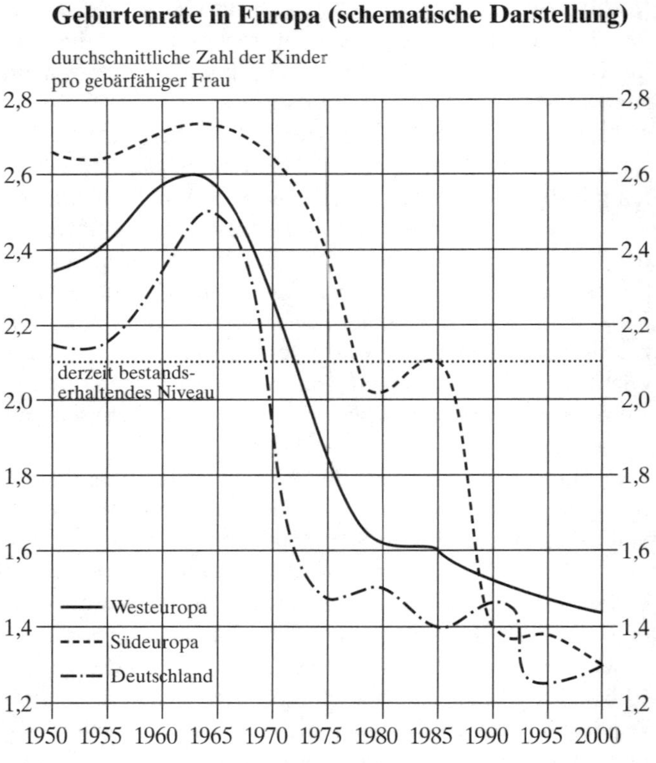

Abb. 23 Das Absinken der Geburtenrate in Europa unter das bestandserhaltende Niveau. – Aus Miegel (1997).

Jahren (1991–1996) vermehrte sie sich trotz Zuwanderungsbeschränkung um die Einwohnerschaft von fünf Großstädten. Es gibt Türkenviertel, in denen die dort aufwachsenden Kinder kaum noch mit Deutschen in Berührung kommen. Zur Schulausbildung werden viele in die Türkei geschickt. Sie kommen danach wieder nach Deutschland zurück. Von Integration im Sinne einer Eindeutschung kann keine Rede sein. Es bilden sich türkische Siedlungen, die wachsen, während gleichzeitig die deutsche Bevölkerung kontinuierlich durch Geburtenverweigerung abnimmt.

Weist man darauf hin, daß der Aufbau einer multikulturellen Immigrationsgesellschaft in einem ethnisch relativ homogenen Nationalstaat den inneren Frieden gefährdet, ja daß Immigration in einem der am dichtesten bevölkerten Staaten auch die ökologischen Probleme verschärft, dann besteht die Reaktion der Befürworter der Immigration im wesentlichen darin, daß sie das Problem leugnen. So antwortete Heiner Geißler in unserem *Spiegel*-Streitgespräch, das im übrigen in einer freundlichen Atmosphäre stattfand, auf meinen Hinweis auf die Übervölkerung: »Übervölkerung ist ein falsches Argument. Es leben heute nur zweieinhalb Millionen Menschen mehr in Deutschland als zu Beginn der neunziger Jahre« (*Der Spiegel*, Nr. 14, 1998, S. 48).

Ein falsches Argument? Kann man so blind sein? Man braucht doch nur in die vom Verkehr erdrosselten Großstädte zu gehen, nur in die Randbezirke, um zu sehen, in welche Quartiere sich Menschen drängen – in Deutschland wie überall in Europa –, wo die Luft kaum atembar, die Straßen ungepflegt sind. Wo alte Architektur dem Verfall preisgegeben wird, um Platz für neue Wohnsilos zu schaffen. Schon vor Jahrzehnten hatten wir die Grenze der ökologischen Belastbarkeit unseres Landes erreicht. Es gilt nach wie vor, daß wir die Umwelt mit Schadstoffen überfrachten, daß Deutschland vom Import fossiler Energieträger abhängig ist und daß es sich energetisch keineswegs aus eigenen Ressourcen ausreichend versorgen kann.

Nimmt man aus den genannten Gründen kritisch zu Fragen der Einwanderung und Einbürgerung Stellung, mahnt man etwa davor, europäische Länder zu Einwanderungsländern zu erklären, dann gilt man oft als ausländerfeindlich, oder es trifft einen der Vorwurf, man würde mit seinen Thesen Rechtsradikalen Futter geben, weil diese sich auf solche Äußerungen berufen könnten, wenn sie Personen anderer

Hautfarbe attackierten. Mit diesem Vorwurf sah ich mich wiederholt konfrontiert.

Ich verstehe nicht, wie man dies aus meinem Hinweis auf eine Problematik ableiten kann, ganz abgesehen davon, daß wohl kaum einer von jenen, die als Brandstifter auftreten, eine meiner Schriften gelesen hat oder lesen wird. Im übrigen ist jeder verpflichtet, die Wahrheit nach bestem Wissen zu vertreten, und hätten sich die großen politischen Parteien der Problematik zur rechten Zeit angenommen, gäbe es wahrscheinlich bei uns kein Rechtsradikalenproblem und keine Ausländerfeindlichkeit. Ich möchte in diesem Zusammenhang wie in vielen vorangegangenen Publikationen noch einmal betonen, daß Fremdenscheu nicht gleichzusetzen ist mit Fremdenhaß. Die ambivalente Haltung Fremden gegenüber gehört zu den Universalien. Stammesgeschichtliche Anpassungen liegen dieser Verhaltensdisposition zugrunde. Sie können jedoch kulturell verschieden ausgestaltet werden. Fremdenhaß ist ein Produkt der Erziehung. Die Bereitschaft zur Fremdenablehnung ist vorhanden, und sie wächst, wenn eine Gruppe ihre Identität durch eine andere gefährdet glaubt. In der Regel sind es beide Seiten, die sich im Bemühen um die Bewahrung ihrer Identität von der jeweils anderen abgrenzen.

Jede einseitige Schuldzuweisung ist bei der Bewertung solcher Entwicklungen völlig unangebracht. Daß heute in Armutsländern Wohnende in anderen Ländern ihr Glück suchen, aber ihre Identität nach Möglichkeit nicht aufgeben wollen, ist ebensowenig als Fehlverhalten einzustufen wie das abweisende Verhalten einer autochthonen Bevölkerung, das ja dem Selbstschutz dient. Jedes Land hat aber das Recht, seine Zuwanderer so auszuwählen, daß der innere Friede gewahrt bleibt. Und Politiker müssen das als ihre Pflicht wahrnehmen. Der Amtseid verpflichtet dazu wohl nicht nur den deutschen Bundespräsidenten[8].

Die Politiker haben aber nicht nur die Interessen der alteingesessenen Bürger zu berücksichtigen. Sie sind vielmehr dazu verpflichtet, sich auch über die Zukunft der Zuwanderer Gedanken zu machen. Mit ihrer Aufnahme als Staatsbürger übernimmt ein Staat auch die Verantwortung für ihr Wohlergehen. Aber kann irgendein Staat im heutigen Europa diese Wohlergehensgarantie mit gutem Gewissen übernehmen? Und kann er in dieser von Arbeitslosigkeit und Sozialkrisen erschütterten Zeit den inneren Frieden und damit die Sicherheit seiner Alt- und Neubürger garantieren? In Frankreich bereitet die aus Nordafrika stammende moslemische Bevölkerung vieler Vorstädte zunehmend Schwierigkeiten, die extreme Gegenreaktionen wachruft. Von Zeitbomben in den deutschen Vorstädten und daß Deutschland zum »Ausplünderungsland« verkomme, sprach der *Spiegel* (Nr. 16, 1997)[9]. Auch in anderen Presseorganen wie der *Zeit* und der *Süddeutschen Zeitung* mehren sich zunehmend kritische Stimmen.

Verantwortlich denken heißt zukunftsorientiert denken. Um für die Absicherung des inneren und äußeren Friedens humane Überlebensstrategien auszubilden, ist es vernünftig, bisherige Entwicklungen im Verlauf der Menschengeschichte hier und anderswo bis in die Gegenwart zur Kenntnis zu nehmen. Man wird dabei feststellen, daß so manches Volk im Laufe der Geschichte von einem anderen verdrängt wurde. Keine Vorsehung irgendwelcher Art schützt Völker oder die Menschheit. Wir allein sind für unsere Zukunft verantwortlich.

Wie allerdings Europäer gegenwärtig in Australien, den Vereinigten Staaten und in Europa ihre eigene Selbstverdrängung durch Aufnahme nichteuropäischer Einwanderer fördern, das dürfte wohl einmalig sein. Die Vereinigten Staaten von Amerika waren demographisch eine europäische Nation. Noch 1950 stellten Amerikaner europäischer Abkunft rund 90 % der Bevölkerung. Mit dem *Immigration and Naturalization Act* von 1965 wurde die Einwanderung von Migranten nichteuropäischer Herkunft in einer Weise gefördert, die das Verhältnis der Europäer zu Nichteuropä-

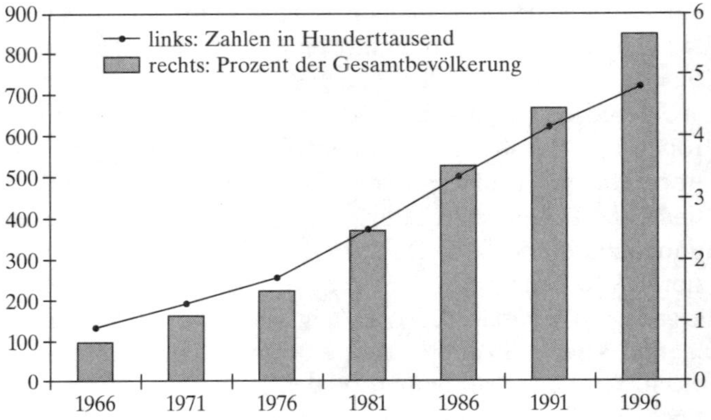

Abb. 24 Die Zunahme des Anteils in Asien Geborener an der Bevölkerung Australiens von 1966–96.

ern in dramatischer Weise verschob. Von den zwischen 1968 und 1996 legal eingewanderten Personen kamen 83 % aus nichteuropäischen Ländern. Aber auch von jenen, die aus Europa und Kanada kamen, waren viele Asiaten, Lateinamerikaner und Afrikaner, die diese Länder gewissermaßen als Sprungbrett für die Einreise nach den USA benutzen. Von den zusätzlich 2684892 illegalen Immigranten, denen 1996 Amnestie gewährt wurde, kamen 98 % aus der Dritten Welt. Von 1965 bis 1990 ist der Prozentsatz der Weißen in den USA von 89 auf 75 % zurückgegangen, und das amerikanische Zensus Bureau schätzt, daß die Weißen nach dem Jahr 2050 weniger als 50 % der Population der Vereinigten Staaten stellen werden. In meiner Streitschrift *Wider die Mißtrauensgesellschaft* publizierte ich einige Graphiken, die diese Entwicklung veranschaulichen. Sie zeigen, daß sowohl Immigration als auch unterschiedliche Reproduktionsraten für diese Entwicklung verantwortlich sind. Wichtige Angaben zur demographischen Entwicklung der USA findet man in Peter Brimelow (1995).

Ähnliche Entwicklungen fanden nach dem Krieg in Australien statt. Auch hier führte eine richtig auf eine Asiatifizierung abzielende Immigrationspolitik weißer Politiker zu demographischen Veränderungen. John Lack und Jacqueline Templeton (1995) beschreiben und begrüßen diese Entwicklung in ihrem Buch *The Bold Experiment*, das man sowohl mit das »kühne«, »rücksichtslose«, aber auch mit das »unverschämte Experiment« übersetzen kann. Das Kapitel »The end of White Australia« wird mit folgendem Ausspruch eingeleitet:

> »We have achieved something here that Australians should be made to feel proud of, not to hide furtively under the carpet.« (Wir haben etwas erreicht, dessen sich die Australier mit Stolz bewußt werden sollten, anstatt es verschämt unter den Teppich zu kehren. – J. A. C. Mackie, *National Times*, 1. September 1979.)

Um die Jahrhundertwende belief sich der weiße Anteil an der Weltbevölkerung auf rund ein Drittel. Heute schwanken die Schätzungen zwischen 10 und 15 % (vgl. auch Abb. 21 und 22). Für Europäer ein Grund zum Feiern? Wohl nur für Zyniker.

Das Europa der Nationen als Chance

Im Laufe der Geschichte vereinigten sich Menschen zu immer größeren Verbänden: zu Stammesgemeinschaften, Völkern und Nationen, die sich gegenwärtig wieder zu größeren Unionen nach Art der Europäischen Union verbünden. Der amerikanische Politikwissenschaftler Samuel Huntington von der Harvard-Universität meint, diese Entwicklung würde hier und anderswo weitergehen und schließlich die Zivilisationen des europäischen Abendlandes, des Islam, der Hindus, Japans und der Vereinigten Staaten und wohl auch andere umfassen. Zwischen diesen Zivilisationen würden sich bald auch Konflikte entwickeln.

Das kann wohl eintreten, muß aber nicht so sein, denn schließlich könnten sich die großen Blöcke auch verbünden in dem Bemühen, ein lebenswertes Dasein und eine Zukunft für alle zu sichern. Gemeinsame Aufgaben festigen Bindungen, so wie das der Kampf gegen gemeinsame Feinde bewirkt.

Aber viele meinen, Stämme, Völker, Nationen hätten immer wieder Kriege gegeneinander geführt, und einen Weltfrieden werde es daher erst nach Aufhebung der Grenzen, bei freiem Handel und Niederlassungsfreiheit für jedermann geben, dann würden sich die Nationen vermischen und auflösen. Sie wären ohnedies ein überholtes Modell, Weltbürger sollten wir werden. Ein sicher freundlicher Wunsch, den die Universalisten auch damit begründen, daß die Unterschiede zwischen uns Menschen nur oberflächlich wären. Außerdem säßen wir alle in *einem* Boot.

Nun haben wir ja bereits erörtert, daß das Leben nach Diversifikation drängt und natürlich der Mensch diesem Drang nach Vielfalt unterworfen bleibt. Es bedürfte extrem repressiver Maßnahmen, diesen im Grunde positiven evolutiven Prozeß zu unterdrücken, der sich zunächst in der kulturellen Diversifikation äußert, die Schrittmacher der weiteren Evolution ist. Und die Metapher des »einen Bootes« betreffend bemerkte ich bereits in der genannten Streitschrift, daß dies gottlob noch nicht der Fall sei. Zum Glück befahren wir die stürmische und klippenreiche See noch in getrennten Booten mit unterschiedlich erfahrenen und verantwortlichen Kapitänen. Sich einem einzigen Boot anzuvertrauen, das wäre eine gegenwärtig doch kaum zu verantwortende Hochrisikostrategie. Hinzu kommt, daß die Unterschiede zwischen den verschiedenen morphologischen und physiologischen Anpassungsformen des Menschen, die man heute (um den belasteten Begriff Rasse zu vermeiden) auch als geographische Morphotypen bezeichnet, sicher nicht nur hauttief sind.

Da die Meinung vorherrscht, daß jedes Eingestehen von genetisch begründeten Unterschieden, seien es nun solche der Morphologie, Physiologie, Wahrnehmung, Denkweise oder gar in dem, was wir Europäer in sicher eurozentrischer Weise als Intelligenzquotienten messen, einen Rassismus rechtfertigen könne, das heißt einen Dominanzanspruch der sich höher Einstufenden über die niedriger Bewerteten, gehört es zum guten Ton, Unterschiede zu leugnen und dort, wo das beim besten Willen nicht geht, sie zu trivialisieren oder auf besondere Umweltbedingungen während der Jugendentwicklung zurückzuführen. Alles, nur genetisch begründet dürfen sie nicht sein. Ullica Segerstråle fragte einen Gegner soziobiologischer Thesen, was es für ihn bedeuten würde, wenn sich denn doch herausstellen würde, daß Rassenunterschiede existierten. »Nun, dann müßte ich ein Rassist werden« (*Well, then I had to become a racist*), lautete die überraschende Antwort (Segerstråle 1992). Diesen Kurzschluß: Wer nicht ist wie wir, ist nicht ebenbürtig und daher weniger wert, und das gibt mir das Recht auf ihn herabzublicken und ihn zu dominieren, diese wirklich rassistische Konsequenz kann ich nicht nachvollziehen. Ich war viele Jahre zu Gast unter fremden Völkern, beobachtend und miterlebend, und fand sie in vielem uns gleichend, in manchem allerdings auch unterschieden. Die über das verbindende Erbe hinausgehenden Unterschiede fand ich ebenfalls sehr reizvoll und achtenswert. In meinen Augen müßte man schon wertblind sein, um das anders wahrzunehmen. Ich halte daher auch nichts von dem Bestreben, möglichst alle Unterschiede zwischen den Völkern zu nivellieren. Gelänge es einer Weltdiktatur, eine zwanghafte Amalgamierung durchzusetzen, sie würde sich überdies wohl nicht lange halten, denn eine kulturelle Diversifizierung würde bald wieder eintreten, es sei denn, ein extrem repressives System würde das zu verhindern trachten. Im Weltkonzert der Völker hat jedes seinen Part und seine Chance. Die Statuten der Vereinten Nationen wurden geschaffen, um jedem zahlenmäßig auch noch so kleinen Volk auf der Erde das Recht auf Eigenständigkeit zu bewahren und damit die Vielfalt der Kulturen zu sichern.

Die Nationen Europas bemühen sich heute darum, ihre Konkurrenz auf friedliche, zivilisierte Weise unter Achtung der jeweiligen nationalen Besonderheiten auszutragen. Europa hat so zueinander gefunden und denkt nun daran, sich schrittweise nach dem europäischen Osten zu öffnen. In nicht allzu ferner Zeit wird hoffentlich auch Rußland eingeladen werden, der Europäischen Union beizutreten[10].

Allerdings sollte der Zusammenschluß zu einer erweiterten Europäischen Union nicht überstürzt, sondern in Schritten erfolgen. Gerhard Konow (1998) äußerte Bedenken gegen ein in Eile beschlossenes Mammuteuropa. Ein Parlament mit so vielen Stimmen wäre auch schwerlich funktionstüchtig. Konow schlägt daher vor, den östlichen Reformstaaten nahezulegen, ihrerseits nach dem Vorbild der

Europäischen Union sich zu regionalen Wirtschaftsgemeinschaften zusammenzuschließen, etwa in eine baltische, mittelosteuropäische und südosteuropäische Wirtschaftsgemeinschaft. Diese könnten mit Rußland in einem weiteren Schritt einer europäischen Wirtschaftsgemeinschaft beitreten, zunächst noch ohne Währungsunion und ohne politische Union, und sich so schrittweise an die EU heranarbeiten.

Ein neues Abendland, reich an Traditionen und dynamisch in der Entwicklung neuer Ideen, ist im Erblühen. Sicher ist nicht alles eitel Harmonie, aber der Modellfall Südtirol zeigt, wie zwei zerstrittene Völker wieder zueinander finden können. Und so bleibt die Zuversicht, daß auch die Probleme der Basken, Nordiren oder der Balkanvölker friedlich gelöst werden.

Europa, das sowohl mit seinen sozialen Bewegungen, seinem ökologischen Engagement und vor allem im wissenschaftlich-technischen Bereich das Bild der modernen Welt prägte, könnte, an seine Traditionen anknüpfend, weiter als progressives Modell der übrigen Menschheit von Nutzen sein. Europas Völker werden allerdings nur dann diese Aufgabe erfüllen können, wenn sie sich in ihrer Eigenart erhalten.

Dem ursprünglichen Konzept de Gaulles entsprechend wurde die Europäische Union als ein Europa der Vaterländer konzipiert. Damit sollte auch die ethnisch kulturelle Vielfalt Europas erhalten bleiben, was auch dem Bedürfnis seiner Völker entspricht, ihre Identität zu bewahren. Nun wurden sie endlich Partner, und es knüpften sich auch viele Bande persönlicher Freundschaft über die Grenzen hinweg, die wir mittlerweile ungehindert überschreiten.

Daß das alles nach zwei katastrophalen Weltkriegen gelang, grenzt an ein Wunder. Sicher hat dabei geholfen, daß uns nicht nur eine leidvolle Geschichte blutiger Auseinandersetzungen gemeinsam ist, sondern auch ein reiches kulturelles Erbe und eine nahe genetische Verwandtschaft, eine Verbundenheit, die auf dem griechisch-römischen und dem christlich-jüdischen Erbe der Mittelmeerkulturen und dem Kulturerbe der Völker des europäischen Nordens und Ostens basiert.

Unser verbindendes Kulturerbe sollte publizistisch mehr gepflegt werden, um ein Gefühl europäischer Solidarität – einen abendländischen Patriotismus gewissermaßen – zu wecken, einen kritischen allerdings, der sich nicht über andere erhebt, sich nicht aggressiv abgrenzt, sondern den Bürgern aus der Geborgenheit der Einbindung in die jeweilige Nation und in Europa jene Sicherheit gibt, die es ihnen ermöglicht, anderen freundlich zu begegnen. Der Hinweis auf die blutigen Bruderkriege zwischen den Nationalstaaten Europas darf nicht fehlen. Aber es ist ein Hinweis auf eine hoffentlich überwundene Geschichte, aus der wir lernen. Wer ihn allerdings nur demagogisch benützt, um auf die Gefährlichkeit der Nationen hinzuweisen, sät Mißtrauen und Angst und treibt damit Keile zwischen das, was zusammenwachsen soll.

Jedes Gruppenethos geht stammesgeschichtlich auf das familiale Ethos zurück. Alle unsere Prosozialität ist, wie wir ausführten, familialen Ursprungs. Diese in der individualisierten Fürsorge für den Nachwuchs wurzelnden Anlagen verkümmern leicht in Gesellschaften, die die Familie nicht hochhalten und die es versäumen, durch Erziehung, anknüpfend an diese Veranlagungen, die uns nicht persönlich bekannten Mitglieder der Nation, des Staates oder des Staatenbundes in das familiale »Wir-Gefühl« einzubeziehen. Versäumen wir es, das Wir-Gefühl von der Basis her zu bekräftigen, dann wird uns eine weltweite Verbrüderung wohl kaum gelingen. Ungeachtet dieser Tatsache wird immer wieder behauptet, die Nationen wären Auslaufmodelle, sie gehörten abgeschafft, weil sie einer weltweiten Verbrüderung im Wege stünden. Von einem »Irrweg des Nationalismus« spricht Heiner Geißler (1990) und empfiehlt einen »Verfassungspatriotismus«, eine Wortschöpfung, die er Dolf Sternberger verdankt.

Nur Bürokratenseelen können glauben, man werde eine Verfassung lieben. Menschen sind es, die wir lieben oder auch ablehnen. Liebe erfahren wir im freundlichen, mitmenschlichen Kontakt, zunächst in der Familie, des weiteren im kleineren Verband der Dorfgemeinschaft, im Freundeskreis, in der Schulklasse und den vielen anderen Möglichkeiten persönlicher Begegnung, die sich uns auch im Alltag der Großstadt bieten. Und dieser persönliche Umgang legt die Vertrauensbasis, die es uns ermöglicht, freundlich auch in der Großgesellschaft einer Nation und einer Europäischen Union aufzutreten. Vorausgesetzt, daß andere es ebenso halten – auf die Bedeutung der Reziprozität für das Funktionieren einer Gemeinschaft wiesen wir schon hin. Mitmenschliche Identifikation auf diesen verschiedenen Ebenen ist schließlich Voraussetzung für die Identifikation mit der Menschheit.

Die Vorstellung, daß man eine friedliche Weltgemeinschaft nur über die Zerstörung der Familie, der Nation und anderer untergeordneter Solidargemeinschaften erreichen könne, beherrschte einst den Internationalismus sowjetischer und maoistischer Prägung. Er ist dort gescheitert, daraus sollte man lernen.

Rudolf Burger (1997) spricht von einer »falschen Wärme der Kultur«. »Jede Behauptung oder Beschwörung einer wesenhaften Identität, sei sie definiert oder konstruiert wie immer, biologistisch oder kulturalistisch, impliziert aber an sich schon die Ausgrenzung des Fremden, weil sie als Position nur als Negation dessen gewonnen werden kann, was nicht sie selber ist. Jede Identifikation ist eine Negation.« Mit der Wahl des Begriffes »Negation« belastet Burger jede Form der Identifikation. Wer sich zu seiner Kultur bekennt, begeht nach ihm die Sünde der Negation. Darf sich also niemand mehr zu seinem Volk bekennen? Die Statuten der Vereinten Nationen sehen das sicher anders, da sie ja für die Erhaltung der ethnisch kulturellen Vielfalt eintreten.

Würde man Burgers Argument akzeptieren, dann müßte

man auch von einer falschen Wärme der Familie sprechen, denn auch diese grenzt sich normalerweise gegen andere ab, und das wird letzten Endes als Naturrecht überall anerkannt. Wo Besitz vererbt wird, wird die Erbfolge immer nach dem Grad der Verwandtschaft geregelt. Familien leben zwar von Abgrenzung, aber deshalb negieren sie doch nicht die anderen, mit denen sie ja interagieren und auf vielfältige Weise freundschaftlich, beruflich oder weltanschaulich verbunden sind. Wer das Bedürfnis hat, seinen familialen Bereich als Privatbezirk gegen eine Öffentlichkeit abzugrenzen, ist deswegen noch lange nicht ungesellig. Auch die Buschmannfamilie in der Kalahari legt Wert darauf, ihre Hütte für sich allein zu haben.

Jedes *Wir* setzt notwendigerweise Andere voraus. Und wenn man so will, »diskriminieren« wir – in der ursprünglich wertfreien Bedeutung des Wortes als »unterscheiden« – in unserem Alltag unentwegt. Das hat durchaus auch seine positiven Seiten, wird doch unsere Fürsorglichkeit nicht nach dem Gießkannenprinzip so verteilt, daß für niemanden genügend Liebe übrigbleibt. Daß eine Mutter ihr Kind vor allem liebt und ein Liebespaar nur eben seinen Partner, ist soziobiologisch ebenso sinnvoll wie gesellschaftlich. Und dabei »diskriminieren« wir nun allemal.

Und wie alles Familiale könnte man das ohne weiteres auf das eigene Vaterland übertragen, ohne damit die geringsten überheblichen und aggressiven Vorstellungen zu verbinden. Man muß ideologisch schon einigermaßen verbohrt sein, um das nicht nachempfinden zu können.

Burger drückt sich in seinem Aufsatz so aus, als würde eine ethnische Gemeinschaft Fremde immer als Feinde ansehen. Das gilt nur insofern, als sie es potentiell sein können und wir Menschen, die wir nicht kennen, mit Vorsicht begegnen (vgl. Fremdenscheu, S. 73). Ich betone jedoch immer unsere starke prosoziale Bereitschaft zum freundlichen Kontakt und wies auf das deutlich ambivalente Verhalten in Begegnungssituationen hin. Auf diese Ambivalenz nimmt übrigens auch Sigmund Freud Bezug, der Kultur als einen Prozeß ansieht, der im Dienste des Eros zunächst einzelne Personen, später Familien, Stämme, Völker, Nationen zu Einheiten zusammenfassen wolle (zitiert nach Erdheim 1997). Warum dies geschehe, wisse man nicht, es sei eben das Werk des Eros.

Für heutige Begriffe ist das sicher zu finalistisch gesehen. Es sind genau definierbare prosoziale Dispositionen in Wahrnehmung, Antrieben, Lerndispositionen und konkretem Verhalten, die uns dazu befähigen und motivieren (S. 64), wobei mit der zunehmenden Größe die basaleren Gemeinschaften in der Reihenfolge von der Familie aufsteigend als Gemeinsinn förderndes Agens zunehmende Bedeutung gewinnen.

Erstaunlicherweise sind auch Frankreich, England und andere Länder Westeuropas sowie die USA, Australien und Neuseeland von dieser Mode der Selbstzerstörung erfaßt. Die Selbstbezichtigungen reichen vom »Kolonialismus«, der »kriegerischen Expansion«, »Unterjochung« fremder Völker und »Landnahme« bis zur »wirtschaftlichen Ausbeutung«, und sie beziehen sich mittlerweile nicht nur auf bestimmte Länder, sondern pauschal auf die Rolle der Europäer oder Weißen in der Welt, die für ihre Untaten büßen sollen.

Die Fähigkeit, eigene Schuld einzugestehen und so Selbstkritik zu üben, ist sicher eine der Tugenden, in der sich Europa durch eine lange Tradition vor anderen auszeichnet. Beides darf jedoch nicht zu einem Ritual erstarren. Und vielleicht sollte man gelegentlich auch darauf hinweisen, daß viele von denen, die sich als Wir-die-Schuldhaften aufspielen, dies nur tun, um sich selbst darzustellen und ihr eigenes Ego herauszustreichen, indem sie unentwegt darauf hinweisen, wie es blutet. Das alles führt letzten Endes zu unnachsichtig polarisierten Positionen und dient sicher nicht der Förderung eines europäischen Gemeingefühls und noch weniger dem übernationalen Anliegen der Menschheit.

Hans Jonas (1986) hält die Herstellung einer »irgendwie geeinten Menschheit« für ein vordringliches Ziel für die Welt. Er meint allerdings, die ganze Menschheit sei ein übergroßer, in seiner Gesichtslosigkeit fast ungreifbarer Gegenstand, der deshalb auch nicht leicht Begeisterung einflöße. Allerdings sei dem Menschen die Bereitschaft, sich einem Größeren, Umfassenderen hinzugeben, nicht fremd, und er weist als Beispiel aus der Vergangenheit auf den Patriotismus hin, der dem Gefühl vergleichsweise leicht falle, da sich mit der eigenen Nation, zahlreich und raumweit wie sie auch sei, konkrete Vorstellungen verbinden würden. Sie würden durch Bande vielfältiger Intimität – sprachlicher, kultureller, geschichtlicher und staatlicher – bewirkt, wobei der Feind, der das Nationalgefühl »wachrufe«, außen sei und die sonst diffus empfundene »Meinigkeit« der eigenen Nation plötzlich scharf und deutlich mache[11].

»Sorge um die Menschheit zu fühlen ist demgegenüber schwer, denn sie ist abstrakt, meistenteils fremd in mehr als einem Sinne, und der Feind, der sie bedroht, ist innen, nämlich die eigenen Gewohnheiten und Begierden, darunter die meinen« (Jonas 1986, S. 114).

Ohne Begründung durch die Vernunft, meint er, könne sich dieses »ohnehin fernliegende und etwas künstliche Gefühl« für die Menschheit nicht gegen die spontaneren Regungen naher Solidaritäten und Egoismen behaupten, und er knüpft daran die höchst bemerkenswerte Feststellung, daß es zu bezweifeln sei, ob der einzelne je ohne die näheren Solidaritäten und »Ganzheitsgefühle« auskommen könne, also ohne die Nation: »Die übernationale Sache der Menschheit wäre praktisch unhaltbar, wenn sie die Verleugnung des Näheren zur Bedingung machte, und der Versuch, dies zu erzwingen, könnte zum Unheil führen« (Jonas, S. 114).

Ich bin, was die Entwicklung eines Gefühls für die Menschheit betrifft, sogar optimistischer, weil ich weiß, daß wir Menschen einander im Gefühlsbereich – allen ethnischen Unterschieden zum Trotz – durch die schon diskutierte gemeinsame Ausstattung verbunden sind. Ich sprach vom uns verbindenden Erbe (Eibl-Eibesfeldt 1991). Und dies rückt täglich durch die modernen Massenmedien wie Fernsehen und Rundfunk in das Bewußtsein breiter Bevölkerungsschichten. Wir erleben die Freuden und Nöte von Menschen ferner Kulturen ganz unmittelbar. Auch wenn wir die Wortsprache der auf dem Fernsehschirm Agierenden nicht verstehen, wissen wir, ob sie traurig sind oder froh auf eine unmittelbare Weise, die sich aus der Tatsache eines uns verbindenden Erbes ergibt. Wir stehen einander bei aller ethnischen Buntheit und Vielfalt im Grunde doch sehr nahe.

Daran können wir erzieherisch anknüpfen. Wir sollten es allerdings unter Beachtung der basaleren Solidargemeinschaften tun. Bemerkenswert finde ich in diesem Zusammenhang auch die Ausführungen des Züricher Psychoanalytikers Mario Erdheim (1997). Nachdem er die Vorteile des Universalismus und die Problematik ethnischer Identität diskutiert hat, meint er: »Zum Schluß möchte ich noch einige Bemerkungen zur Ethnizität hinzufügen: Es ist eine weit verbreitete Einsicht, daß das Ethnische ein überholtes und sogar reaktionäres Prinzip darstelle. Ich kann diesen Standpunkt nicht teilen: einerseits angesichts der Jahrhunderte andauernden Kämpfe zur Aufrechterhaltung von ethnischer Identität, und andererseits, weil ich als Psychoanalytiker immer wieder mit den Leiden konfrontiert werde, die aus der Entwertung und Zerstörung der ethnischen Identität eines Subjekts resultieren. Ich bin der Ansicht, daß die kulturelle Identität zur Orientierung in Gesellschaft und Geschichte ebenso wichtig ist wie die Geschlechtsidentität« (Erdheim, S. 123).

Und Europa und die europäische Identität betreffend fordert Hubert Christian Ehalt, Kulturreferent der Stadt Wien: »Europa hat mühsam, mit vielen existenzbedrohenden Rückschlägen eine Lebens- und Denkform erfunden, für die es sich lohnt, in guter alter europäischer Manier, mit kritischen Worten, mit geschliffenem Witz, mit Bravour zu streiten. Ich sehe es als wundervolle Chance freier europäischer Intellektualität, daß es in Amsterdam, London, Madrid, Paris, Rom und Wien möglich ist, mit der Kontrastfolie amerikanischer, asiatischer, afrikanischer und indigener Lebensentwürfe vor Augen, das Eigene deutlicher und kritisch zu sehen. Es erscheint mir jedoch völlig absurd, wenn wir Europäer uns auf der Suche nach unternehmerischen Vorbildern nach Asien, nach kulturellen nach den USA und nach philosophischen u. a. nach der Ideenwelt indigener Völker hin orientieren. Die von Carlos Castaneda dargestellte Ideenwelt der Indianer, die tibetischen Totenbücher und I Ging verdienen sicher ein allgemeines Interesse – nämlich als andere geistige Bewältigungsformen des Lebens. Aber auch Homer, Seneca, Augustinus, Hildegard von Bingen, Spinoza, Montesquieu und Voltaire, Kant und Hegel, Sartre und Camus, Simone de Beauvoir und Hannah Arendt verdienen von uns Europäern studiert zu werden.«[12]

Europa hat in Wissenschaft und Kunst das Kulturerbe dieser Welt in hohem Maße bereichert. Die auf der Basis naturwissenschaftlicher Forschung entwickelte technische Zivilisation hat das Bild der Welt geprägt, unsere Medizin die Leiden der Menschen verringert. Im europäischen Kulturraum entwickelten sich die Konzepte der Nächstenliebe, der Freiheitsrechte und der Gleichheit der Bürger vor dem Gesetz und damit die Grundlagen der Demokratie; unsere klassische Musik füllt die Konzertsäle der Welt. Das sollte uns ermutigen, unser Begabungspotential weiter zu pflegen, jede der europäischen Nationen nach bestem Vermögen und in enger Kooperation. Damit würden wir unseren Enkeln und der Menschheit den besten Dienst erweisen.

Zur Zeit spart man in Deutschland und Österreich gerade am kulturellen Sektor – der Wissenschaft und Kunst – und damit am Hirn der größeren Gemeinschaft, wenn ich es so verbildlichen darf. Deutschland, das hier einst eine Spitzenstellung einnahm, ist in der Europäischen Union, gemessen am Prozentsatz des Bruttosozialprodukts, der für Forschung ausgegeben wird, auf den viertletzten Platz abgerutscht! Es gefährdet durch Sparmaßnahmen Serviceleistungen der Wissenschaft, die, einmal eingestellt, nicht so schnell wieder aufgebaut werden können. Geradezu erschreckend ist die Schließung vieler Goethe-Institute. Kein Tier, das in Not gerät, spart an seinem Hirn, obgleich es die meiste Energie von allen seinen Organen verbraucht. Beim Menschen verbrauchen diese 2 % Individualvolumen nach Hubert Markl (1995) 20 % des für unseren Körper notwendigen Energieaufwands. Wir bescheiden wirken sich da aus die 2,5 % der Gesamtwirtschaftsleistung, die Deutschland für die Gehirnleistung des Staates – für Forschung und Entwicklung – ausgibt. Weit weniger als für Versicherungen, sogar »weniger als für unseren exorbitanten Konsum an Drogen in Form von Alkohol, Nikotin, Koffein und anderen Sporen, mit denen wir unser Hirn anstacheln« (Markl 1995, S. 27)[13].

Die Länder Europas sollten ihre einmalige Chance, der Weltgemeinschaft als geistige Führung zu dienen, besser wahrnehmen.

Das Konzept der sozialen und ökologischen Friedensregionen

Die Position Europas in der Welt hat sich durch die Bildung der Europäischen Union und durch den Wegfall des Eisernen Vorhangs entscheidend verbessert. Es bleiben jedoch zunächst noch all die Probleme, die wir angesprochen haben und die einer Lösung bedürfen, wenn wir als Europäer weiter einen Beitrag zur Weltkultur und zum Weltfrieden leisten wollen.

Von kardinaler Bedeutung ist die Erhaltung des inneren Friedens und damit die Sicherung des Überlebens der Europäer und ihres reichen Kulturerbes. Dazu müssen wir den Gefahren des Kurzzeitdenkens entgegentreten und sie durch Langzeitstrategien im Sinne eines generationenübergreifenden Überlebensethos absichern. Das läßt sich zur Zeit global nicht durchsetzen, da das Bildungs- und Armutsgefälle zwischen den Industrienationen und den Entwicklungsländern zu groß ist, um rechtzeitig ausgeglichen zu werden. Zumal gerade in den Armutsregionen enorme jährliche Zuwachsraten der Bevölkerung die allgemeine Not vermehren – ich erinnere daran, daß die Bevölkerung von Afrika von heute rund 695 Millionen bis zum Jahr 2020 auf etwa 1,5 Milliarden anwachsen könnte. Da auch in den reichen Ländern die Verschuldung und allgemeine Armut zunimmt, kann von hier aus nur in begrenztem Maße geholfen werden. Völlig ausgeschlossen ist es, dem zunehmenden Migrationsdruck nachzugeben. Wir würden, wie ich bereits sagte, das Problem nur importieren, ohne damit die Not in den Notstandsgebieten zu lindern. Hubert Markl (1995) hat sich dazu sehr offen ausgesprochen. Selbst wenn Europa 15 Millionen aus der Dritten Welt pro Jahr aufnehmen würde, würde das das Übervölkerungsproblem nicht lösen. »Wer also meint, das bestehende und überaus gravierende, aus der schieren steigenden Not angetriebene Wanderungsproblem mit warmem Herzen und gutem Willen dadurch mildern zu können, daß er die entwickelte Welt zu möglichst großzügiger Zuwanderungspolitik auffordert, vielleicht mit der durchaus zutreffenden Begründung: Jahrhundertelang haben die ›Kolonialländer‹ den Überschuß der Europäerbevölkerung aufgenommen, jetzt ist es nur fair, den Gegenstrom hier aufzunehmen, der täuscht sich völlig über die quantitativen Dimensionen, um die es hier geht, und um die realen Möglichkeiten, durch weltweite Verteilung des Bevölkerungszuwachses irgendwo irgend etwas nachhaltig zum Besseren zu wenden« (S. 141). Die Bevölkerungskontrolle ist das Schlüsselproblem unserer Zeit. Aber hier kann von auswärts nur beratend geholfen werden.

Wir müssen leider mit der Möglichkeit gewaltiger Bevölkerungszusammenbrüche in der Dritten Welt rechnen. Eine Begrenzung der Katastrophe und damit der Möglichkeit, auch später noch helfend in Notstandsgebieten einzugreifen, steht nur in Aussicht, wenn es den nicht von einer Bevölkerungsexplosion heimgesuchten Regionen der technisch zivilisierten Welt gelingt, sich durch sozial verantwortliches und umweltfreundliches Wirtschaften sowie durch eine auf die Tragekapazität des Landes abgestimmte Kontrolle des Bevölkerungszuwachses vor Verelendung zu schützen. Die Staaten der technisch zivilisierten Welt müßten sich dazu zu größeren, möglichst autarken Verbänden zusammenschließen. Ich spreche von *sozialen und ökologischen Friedensregionen.* Sie setzen eine Abschottung gegen Massenimmigration aus den unter starkem Populationsdruck stehenden Regionen der Dritten Welt voraus, ferner Maßnahmen gegen ein soziales und ökologisches Dumping. Eine solche ökosoziale Friedensregion könnte sich aus einer um weitere europäische Staaten vergrößerten Europäischen Union entwickeln, zu der in möglichst absehbarer Zeit auch Rußland gehören sollte.

Vergleichbare Friedensregionen könnten sich auch in Ostasien, Nordamerika und anderen Gebieten der Erde entwickeln. Und haben solche Großregionen einmal einen vergleichbaren Standard verantwortlichen Wirtschaftens erreicht, dann können sie sich zu großen Freihandelsregionen zusammenschließen. Wichtig ist, daß sie alle zuerst ihre innere Sanierung betreiben. Dazu sind die Staaten Europas zu einem gewissen Ausgleich zwischen den reicheren und ärmeren Regionen Europas aufgerufen. Das wird ohnedies noch Kopfzerbrechen bereiten, vor allem wegen der nötigen Absicherung gegen Mißbrauch, aber es ist für uns überlebensnotwendig, diesen Ausgleich zu schaffen.

Aber darf Europa sich als ökosoziale Friedensregion abgrenzen? Sind wir nicht verpflichtet, gerade den zunehmend in Not geratenen Regionen der Dritten Welt zu helfen? Das eine schließt das andere nicht aus, ja das eine ist geradezu Voraussetzung für das andere. Nur ein Europa, das sich intakt hält, das seinen inneren Frieden und damit seine wirtschaftliche und moralische Kraft behält, kann weiterhin Entwicklungshilfe leisten, zum Beispiel durch Ausbildung und Hilfe beim Aufbau von Industrien. Firmen der Europäischen Union hätten damit zugleich einen Fuß in sich entwickelnden Märkten. Wenn dort schließlich ein vergleichbarer ökologischer und sozialer Standard der Produktion erreicht ist, dann kann eine solche Region, die vordem Entwicklungsgebiet war, voll in eine größere Freihandelszone eingegliedert werden. Die Industriestaaten der Ersten Welt könnten sich dazu in ihrem Bemühen verbinden. Grundsätzlich muß klar sein, daß jeder einseitige Altruismus Europas auf die Dauer selbstmörderisch wäre. Zu den vielen hier angeschnittenen kulturökologischen und populationsdynamischen Fragen hat Josef Schmid (1992) einen höchst informativen, mit guten Daten versehenen Diskussionsbeitrag vorgelegt. Das Helfen betreffend meint er: »Ein kulturökologisches Denken macht klar, daß es kein problemloses Helfen und Gutsein zwischen Kulturen mit gewaltigen Entwicklungs- und Milieubewältigungsdifferenzen geben kann« (S. 190).

Der Zusammenschluß der großen Handelsblöcke der technisch zivilisierten Welt könnte schon bald stattfinden, doch lehrt die Ostasienkrise, daß dafür zuerst international verpflichtende Abkommen geschaffen werden müssen, und außerdem müßten die Regierungen wieder den Mut finden, *zu regier*en, auf der Länderebene und auf der Ebene der Nationen und Unionen.

Wohin aber mit den Millionen Kriegsflüchtlingen, mit den Asylsuchenden und mit den aus wirtschaftlicher Not nach Europa Drängenden? Ich glaube, der Zeitpunkt ist gekommen, in dem kaum ein Land mehr in der Lage ist, das Problem durch Aufnahme der Notleidenden zu lösen. Hier müssen neue Wege gefunden werden. Heute sind nur noch die Vereinten Nationen finanziell und mit ihren internationalen Verbindungen und ihrer Macht in der Lage, das Problem zu bewältigen. Ein Vorschlag wäre, daß eine internationale Polizeitruppe im oder am Rand eines Krisengebietes eine Stadt oder ein größeres Territorium besetzt und dort Flüchtlingsstädte errichtet, die mit allen Infrastrukturen für Unterricht, Kulturleben und Wirtschaft ausgestattet sind, um den Bedürftigen ein möglichst normales Leben zu ermöglichen. Solche Einrichtungen hätten überdies den Vorteil, daß die Flüchtlinge in der Nähe ihrer Heimat blieben und damit nicht kulturell entwurzelt würden. Schließlich behielten auf diese Weise die Vereinten Nationen und damit die Weltgemeinschaft das Problem als ungelöst im Auge.

Vernunft und affektives Engagement

Wir sprachen von unserer Begabung zu sachlicher Auseinandersetzung, von unserer Fähigkeit, den affektiven Bereich vorübergehend auszublenden, um »entspannt« Probleme besprechen zu können. Wir wiesen ferner darauf hin, daß starke Gefühlswallungen Denkblockaden setzen. Jede Panik lehrt das, aber auch Wut und allzugroße Liebe machen bekanntlich blind.

Doch helfen ungetrübter Verstand und kühle Vernunft allein, mit unseren Problemanlagen Kurzzeitdenken und Machtstreben zurechtzukommen? Daran habe ich meine begründeten Zweifel, kann man doch an vielen Beispielen, wie etwa an unserem Umgang mit den nichtersetzbaren Ressourcen, erkennen, daß das rational sicher als notwendig Erkannte uns kalt läßt, wenn die negativen Folgen unseres Tuns erst zwei Generationen später spürbar werden. »Nach uns die Sintflut« ist eine Haltung, die der Entwicklung eines generationenübergreifenden Überlebensethos entgegensteht.

Den stark affektiv besetzten Hindernissen, die einer einsichtigen Verhaltenssteuerung entgegenstehen, müssen wir außer unserer Einsicht auch ein affektives Engagement entgegensetzen. Bisher hat man vor allem mit der Erweckung von Ängsten operiert, um ein Umweltbewußtsein zu wekken: Die Luft wird umkippen, das Treibhausklima wird Probleme schaffen.

Angst ist sicher ein wichtiger Ansporn, um Fehlverhalten zu korrigieren, aber sie wirkt offenbar nur, wenn sie uns unmittelbar betrifft. Gefahren, die nach statistischer Wahrscheinlichkeit nicht innerhalb eines Lebensalters eintreten, erleben wir nicht als bedrohlich, auch wenn wir sie rational als existent anerkennen. So siedeln wir immer wieder an Vulkanabhängen, auch wenn die Dörfer alle paar hundert Jahre verschüttet werden. Die Selektion konnte uns für solche Fälle keine Meidereaktionen anzüchten. Nur was mit Wahrscheinlichkeit in einem Menschenleben eintritt, wird als Gefahr erlebt und gemieden.

Es gibt außer Angst aber auch das *positive Engagement für etwas*. Das kann sowohl der gerechte Zorn als auch die Liebe sein. Beide schaffen Engagement, und nur durch solches Engagement wird etwas zum Anliegen. Aber wofür engagieren? Welche der uns vorgegebenen Verhaltensdispositionen können wir anzapfen?

Drei scheinen mir dafür besonders geeignet:

1. unser starkes fürsorgliches Engagement für Kinder;
2. unser Gefühl für Verpflichtung, das dem Gesetz der Reziprozität gehorcht;
3. unsere ästhetisch begründete Naturliebe

Die bewußte Kultivierung dieser uns angeborenen Dispositionen scheint mir für die affektive Besetzung eines nachhaltigen Überlebensethos in besonderer Weise geeignet.

Das Interesse am Schicksal unserer Kinder und Angehörigen bildet die Grundlage des familialen Ethos, das wir bereits mit Erfolg nützen, um über dieses Ethos größere Solidargemeinschaften affektiv zu binden. Wir sprechen von Muttersprache, Landesvätern oder -müttern, von unseren Brüdern und Schwestern, und der Begriff Nation bezieht sich auf die Wurzel gemeinsamer Abstammung. Bereits steinzeitliche Völker, die größere Täler- oder Stammesgemeinschaften bilden, deren Mitglieder einander nicht mehr persönlich kennen, schaffen durch Bezug auf oft fiktive Verwandtschaft Verbundenheit (Eibl-Eibesfeldt 1984). Uns gelang es so, viele Millionen Menschen zu Solidargemeinschaften zu verbinden. Daher sollte es auch gelingen, über eine affektive Besetzung das Engagement für die Zukunft unserer leiblichen Kinder und Kindeskinder herzustellen.

Wir sind auf Grund unserer Familialität auch in der Lage, uns mit einer Gemeinschaft, mit der wir durch Brauchtum, Geschichte und Sprache verbunden sind, zu identifizieren. Dazu muß allerdings erzogen werden, und ich plädiere daher seit vielen Jahren dafür, die Erziehung zu einer kritischen Liebe zum eigenen Land nicht zu vernachlässigen. Ohne solche Bemühungen werden die staatstragenden Tugenden verkümmern, zum Schaden der Länder Europas wie der Europäischen Union, ja der übrigen Welt. Denn wenn uns das eigene Land nichts mehr bedeutet, dann ist uns auch die Zukunft Europas und erst recht der Welt im Grunde gleichgültig.

Die Begeisterung für die Menschheit zu erwecken ist ohnedies im allgemeinen viel schwieriger, da es bei der großen Diversifikation der Religionen, Weltanschauungen und schließlich des Erscheinungsbildes an gemeinsamen Symbolen mangelt, die unserer Neigung zur Symbolidentifikation entgegenkommen könnten. Der Einsatz der Friedenstaube von Picasso durch die Friedensbewegung war ein Versuch in dieser Richtung; aber sie ist wahrscheinlich noch zu wenig menschheitsbezogen. Vielleicht sollte sie mit einer Mutter-Kind-Symbolik ergänzt werden. Sicher sind wir überfordert, wenn wir alle Menschen in gleicher Weise liebhaben sollen. Hier bietet es sich an, allgemein bewußtzumachen, was wir dieser großen Gemeinschaft an kulturellem Erbe verdanken. Wird einem dies bewußt, dann resultiert daraus eine empfundene Verpflichtung, da uns das Bedürfnis, gleiches mit gleichem zu vergelten, angeboren ist (vgl. Reziprozität, S. 40). Ein Gefühl der Verpflichtung für die größere Gemeinschaft ist sicher Voraussetzung für ein Engagement für die Zukunft der Menschheit.

Hans Hass hat dazu einmal sehr treffend bemerkt: »Kein Mensch ist in der Lage, vier Milliarden ihm unbekannter

Menschen zu lieben. Dagegen haben wir sehr wohl allen Grund zu einer kameradschaftlichen Gesinnung. Denn sozusagen alles, was unser ›Menschsein‹ ausmacht, verdanken wir einer anonymen Vielheit anderer Menschen, die vor uns lebten und deren Leistungsergebnisse uns gleichsam als Geschenk übermacht sind« (Hass 1981, S. 198).

Es gibt aber noch einen anderen affektiven Bezug, den wir für die affektive Besetzung eines Überlebensethos nützen können. Wir sprechen von unserer Liebe zur Natur. Sie ist ästhetischer Art. Sie manifestiert sich vor allem als Vorliebe für Pflanzen (Phytophilie). Es dürfte sich um eine archetypische Biotop-Prägung handeln. Pflanzen charakterisieren einen Lebensraum, der fruchtbar ist und in dem sich gut leben läßt. Der altsteinzeitliche Jäger und Sammler lebte naturnah, in einem Habitat, das etwa der afrikanischen Savanne entspricht, mit reichlichem Pflanzenwuchs und reichem Tierleben. Daß wir ein ästhetisches Bedürfnis nach einer solchen Umgebung haben, zeigt sich, wenn Menschen naturfern leben. Dann nämlich beobachten wir eine Reihe von Ersatzhandlungen: Sie dekorieren ihre Wohnung zum Beispiel mit Farnen, Gummibäumen und anderen Grünpflanzen, die keinem anderen Zweck dienen, als dem Auge Ersatznatur zu bieten. Wir lieben die Natur, was allerdings nicht verhindert, daß wir sie ausbeuten. Wir erwähnten schon, daß es ursprünglich keine Notwendigkeit gab, uns in dieser Hinsicht Einschränkungen aufzuerlegen. Aber das ästhetische Bedürfnis nach Natur setzt der Zerstörung Grenzen, wenn wir sie unmittelbar betroffen erleben. Wir lieben ferner Gewässer, und wir lieben Tiere, denn auch sie sind Indikatoren für eine gesunde Umwelt.

Bei der Tierliebe kommt eine weitere affektive Komponente hinzu. Jungtiere sprechen uns an, wenn sie Merkmale des Menschenkindes aufweisen und damit Betreuungsreaktionen auslösen. Ich habe über viele Jahre immer wieder die Yanomami-Indianer des Oberen Orinoko besucht. Diese Bewohner des südamerikanischen Regenwaldes halten als

Haustier nur den Hund. Sie sind Jäger, aber wenn sie einen Affen abschießen, der ein Junges trägt, oder ein Aguti oder einen Vogel mit Jungen, dann pflegen sie die Jungtiere aufzuziehen. Eine Ansiedlung der Yanomami gleicht oft einem kleinen Zoo. Da laufen Agutis herum, kleine Tukane, Waldhühner, Papageien, Äffchen, und die Tiere werden gehegt und geliebt. Kein Yanomami würde daran denken, sie später einmal zu verspeisen. Diese Anteilnahme an der Kreatur hat sicher ihre affektive Begründung in unserer Disposition zur Kindesfürsorge, die über bestimmte Kindsignale ausgelöst wird. Die Anteilnahme wird heute durch die Einsicht vertieft, daß es sich beim Leben um ein erstaunliches, einmaliges Phänomen handelt und daß wir selbst nur in einer gesunden Lebensgemeinschaft gedeihen können.

Letztlich dient ein pfleglicher Umgang mit der Natur und der durch sie zur Verfügung gestellten Ressourcen unserem eigenen Interesse – der Absicherung unserer Zukunft und damit auch der Zukunft der Menschheit. Hier sind die Völker in einer Interessengemeinschaft in der Tat global verbunden, denn was immer eine Gruppe mit ihrer Umwelt anstellt, hat Rückwirkungen auf andere. Wir brauchen keine Bedrohung durch Außerirdische, um uns zu verbünden. Es genügen die gemeinsamen Aufgaben, die wir zu bewältigen haben.

Zusammenfassung in 33 Thesen

1. Eine Reihe von stammesgeschichtlich entwickelten Verhaltensdispositionen des Menschen erschweren die vernünftige Lösung brennender Gegenwartsprobleme.
2. Die Bewußtmachung dieser Problemanlagen ist eine Voraussetzung für ihre Zügelung. Ihrer bedürfen wir, um den Herausforderungen der Neuzeit zu begegnen.
3. Das gilt insbesondere für unsere Programmierung auf den Wettlauf im Jetzt, die wohl zur ältesten Erbausstattung der Organismen gehört, gilt doch seit Anbeginn organismischen Lebens, daß nur wer im Jetzt schneller läuft, das Rennen macht.
4. Das hat auch unsere altsteinzeitlichen Vorfahren mit einer gewinnmaximierenden, den Augenblick in opportunistischer Weise ausschöpfenden Natur ausgestattet.
5. Der moderne Mensch agiert ebenfalls in erster Linie opportunistisch-gegenwartsbezogen und gerät damit in die Falle des Kurzzeitdenkens, das langfristige, überlegte Planungen behindert.
6. Bei diesem Wetteifern verbinden sich in fataler Weise Kurzzeitdenken mit einer aggressiven Triebdynamik. Sie stand ursprünglich als Dominanzstreben im Dienste des sozialen Wettstreits, wurde bei uns Menschen jedoch zusätzlich instrumental auch in den Dienst anderer Aufgaben gestellt. Wir »attackieren« bekanntlich auch Probleme, »verbeißen« uns in Aufgaben. Erfolg wird überdies beim Mann durch Testosteronausschüttung in die Blutbahn »belohnt«.

7. Die Programmierung auf den Wettlauf im Jetzt paßte zu der altsteinzeitlichen Lebensweise einer die Erde nur dünn besiedelnden Bevölkerung. Bei der heutigen Bevölkerungszahl und ausgerüstet mit einer höchst effizienten Technik wirkt sich unser ausbeuterisches Verhalten zerstörerisch auf lebenswichtige Ressourcen wie zum Beispiel Ackerland aus.
8. Wir müssen ein Überlebensethos entwickeln, das auch die Interessen künftiger Generationen berücksichtigt. Was jedoch einsichtig als notwendig erkannt wird, bedarf eines affektiven Engagements, um in die Tat umgesetzt zu werden.
9. Unsere prosozialen Anlagen, unser Interesse an der Zukunft unserer Kinder und unsere ästhetisch begründete Naturliebe würden sich zur affektiven Ankoppelung eines am Glück künftiger Generationen ausgerichteten Überlebensethos anbieten.
10. Sowohl die traditionelle bäuerliche Ethik als auch die in Europa weit entwickelte Soziale Marktwirtschaft zeigen, daß wir Menschen durchaus zu sozial und ökologisch verantwortlichem Wirtschaften erzogen werden können.
11. Diese positiven Ansätze werden durch eine gegenläufige Entwicklung gefährdet, die sich wie zur Zeit des klassischen Kapitalismus die Natur zum Vorbild nimmt.
12. Ein rücksichtsloser Wettbewerb in Landwirtschaft und Industrie gefährdet die Errungenschaften einer sozialen und ökologisch verantwortlichen Marktwirtschaft und damit auch die Staaten, die diese Entwicklung im Rahmen der Globalisierung zulassen.
13. Richten sich nämlich betriebswirtschaftliche Interessen gegen die volkswirtschaftlichen, dann schwächen sie den Staat und seine soziale Ordnung. Damit gefährden so wirtschaftende Unternehmen auf längere Sicht auch ihre eigene Existenz, denn die staatliche Ordnung und Macht ist es, die sie schützt. Eine rechtzeitige Abstim-

mung des Wettbewerbs auf die Interessen des Staates und eine Rückkehr zu zivilisierten Formen der Konkurrenz sind daher im unternehmerischen Interesse.

14. Mit der Europäischen Union gehen die europäischen Nationalstaaten partnerschaftliche Beziehungen ein, die ein hohes Maß gegenseitiger Rücksichtnahme erfordern und ein gemeinsames Bemühen um die Anhebung der wirtschaftlich in Europa noch im Rückstand befindlichen Regionen, im Rahmen einer ökologisch verantwortlichen und sozialen Marktwirtschaft.

15. Das erfordert besondere Vorsicht beim Umgang mit globalen Problemen. Die im Rahmen der Globalisierung propagierte Öffnung der Europäischen Union für den globalen Waren- und Personenverkehr gefährdet die ökosoziale Marktwirtschaft durch ökologisches und soziales Unterbieten. Auf lange Sicht entsteht daraus auch für die international operierenden Konzerne Schaden, da sie sich mit der Schwächung ihrer Heimatstaaten ihres Schutzes berauben.

16. Wer sich die Natur zum Vorbild nimmt, vergißt, daß diese keine andere Wahl hat, als mit dieser Hochrisikostrategie zu operieren. Sie ist ja keiner vorausschauenden Zielsetzung fähig. Diese Fähigkeit ist allein uns gegeben. Wir allein stellen Fragen nach der Zukunft. Darin liegt eine Verpflichtung unseren Enkeln, ja dem Leben gegenüber.

17. Eine globale Wertegemeinschaft, die sich zu umweltschonendem und sozial verantwortlichem Wirtschaften und damit zu einer Zivilisierung des Konkurrenzkampfes unter Achtung der ethnischen und territorialen Integrität der Völker bekennt, wäre wünschenswert, dürfte aber bei der gegenwärtig noch kaum gebremsten Bevölkerungsexplosion nicht in der für die Sicherung unserer Zukunft nötigen Geschwindigkeit zu erreichen sein.

18. Daher gilt es für die technisch zivilisierten Nationen, sich in großräumigen, möglichst autarken ökosozialen

Friedensregionen zusammenzuschließen, in denen weiter sozial und ökologisch verantwortlich gewirtschaftet wird, und sich nicht vorschnell der Globalisierung zu öffnen.

19. Die Europäische Union könnte sich als eine solche ökosoziale Friedensregion abgrenzen, sanieren und schrittweise den europäischen Osten einschließlich Rußland einbeziehen. Sie müßte sich für Notzeiten eine gewisse Autarkie sichern und sich auch auf nicht auszuschließende Katastrophenfälle vorbereiten. »In den Tag hinein zu leben« ist in der gegenwärtigen Situation von Regierungsseite nicht zu verantworten.

20. Freier Handel setzt vergleichbare ethische Standards und eine diesen entsprechende rechtliche Kodifizierung voraus. Dergleichen wird in anderen Regionen der technisch zivilisierten Welt am ehesten erreicht werden. Mit solchen, der Europäischen Union vergleichbaren ökosozialen Friedensregionen könnte sich die Europäische Union verbünden, auch in dem Bemühen, Notstandsregionen zu helfen.

21. Im Interesse der Erhaltung des Friedens dürfen die Politiker einer Hilfe leistenden Gemeinschaft die Identität ihrer politischen Gemeinschaft und damit den inneren Frieden nicht aufs Spiel setzen. Das macht eine Begrenzung der Immigration aus kulturell und anthropologisch ferner stehenden Populationen notwendig.

22. Daher muß auf längere Sicht auch das Flüchtlings- und Asylproblem anders als bisher gelöst werden. Es fällt in die Kompetenz der Vereinten Nationen. Diese könnten in der Nähe der Krisengebiete Regionen militärisch besetzen, sie mit allen Infrastrukturen für Erziehung und Wohlergehen ausstatten und als Schutzregionen für Flüchtende jeder Art ausweisen. Diese Lösung hätte den Vorteil, daß die Weltgemeinschaft ihre ungelösten Probleme auch stets vor Augen hätte und damit zum Handeln gezwungen bliebe.

23. Innerartliche Konkurrenz wird bereits im Tierreich durch Ritualisierung dort entschärft, wo Risikominderung für alle Kontrahenten vorteilhaft ist.

24. Bei all den verschiedenen Lösungen, die wir in der Natur vorfinden, handelt es sich um in der Vergangenheit und im Jetzt Bewährtes, aber keineswegs immer um die bestmögliche Lösung eines Problems.

25. Jedes Lebewesen ist mit seinen ersten zellulären Vorfahren, die vor vielleicht drei Milliarden Jahren lebten, in einer ununterbrochenen Vorfahrenkette verbunden.

26. Jene Organismen, die es nicht schafften, ihre Gene in der Generationenfolge weiterzureichen, schieden und scheiden weiterhin aus dem Lebensstrom aus und damit auch aus dem Abenteuer der Evolution.

27. Als geselliges Wesen ist der Mensch in eine Hierarchie sozialer Gruppen eingebunden, die mit der Familie und dem Sippenverband zur familial gebundenen Kleingruppe und weiter aufsteigend zu ethnischen Stammes-, Volks- und Staatengemeinschaften führt. Wir bleiben in diese Hierarchie der Gruppe, von der Familie aufsteigend, zeitlebens eingebunden. Ohne diese Einbindung von der Basis her wären wir nicht fähig, uns mit Menschen zu identifizieren, die wir nicht kennen.

28. Die historisch nachvollziehbaren Prozesse der Bildung größerer Solidargemeinschaften sind ein Ergebnis der Konkurrenz sich voneinander abgrenzender Gruppen.

29. Voraussetzung für die Bildung der anonymen Großgemeinschaften ist die Fähigkeit, unser familiales Ethos auf die Großgruppe zu übertragen. Unsere Indoktrinierbarkeit und die Fähigkeit zur Symbolidentifikation spielen dabei eine große Rolle.

30. Die prägungsähnliche Fixierung von Folgereaktionen auf die »sakralen« Symbole der größeren Gemeinschaft ist höchst problematisch, da sie propagandistisch ausgenützt werden kann, um soziale Verteidigungsreaktionen wachzurufen, die sich gegen andere richten.

31. Andererseits bedarf es der Symbole der Identifikation. Sie müssen sich nicht gegen andere richten. Unsere Fähigkeit zur Bildung von Allianzen ermöglicht es uns, daß wir uns mit anderen Menschen im Dienst einer gemeinsamen Aufgabe verbünden, ohne unsere jeweilige ethnische Identität aufzugeben.

32. Einheiten, an denen die Selektion ansetzt, sind beim Menschen die Individuen, die Sippen und die kulturell über Sprache und Brauchtum abgegrenzten Völker, die genetische Fortpflanzungspools bilden, deren genetische Distanz voneinander statistisch erfaßbar ist.

33. Als Generalist, Kulturwesen und Zielsetzer ist der Mensch für seine Zukunft gut gerüstet. Verbindet er seine Zielsetzungen mit humanitärem Engagement, Vernunft und der von Karl R. Popper eindringlich geforderten Bereitschaft zur rechtzeitigen Fehlerkorrektur, dann eröffnen sich ihm einmalige Aussichten für seine weitere Entwicklung. Des Menschen Erfolg wird zwar weiterhin an der Elle der Eignung gemessen, das heißt seiner Fähigkeit, in Nachkommen zu überleben. Aber wir brauchen uns der Selektion nicht blind auszuliefern. Wir sind wie alle Organismen »Sucher nach einer besseren Welt« (Karl Popper). Aber während alle anderen Organismen in erratischem Kurs die Lebensmöglichkeiten erkunden, sind wir zum Sehen begabt und können unseren Kurs daher verantwortlich steuern. Daraus erwächst uns eine einmalige Chance, aber auch die Verpflichtung, sie wahrzunehmen.

Miteinander reden – Streitgespräch mit Daniel Cohn-Bendit, 1992

Bekenntnisse, seien sie nun religiöser oder politischer Art, binden jene, die gleich denken, und trennen sie in der Regel von Andersdenkenden.

Die Weltanschauung des Naturwissenschaftlers basiert auf dem Axiom, daß es eine außersubjektive Wirklichkeit gibt, in der Ereignisse nach Gesetzen ablaufen, die man erforschen kann. Der Naturforscher geht zwar auch von Annahmen (Hypothesen) aus, stützt aber seine Aussagen auf durch Beobachtung und Experimente erarbeitetes Erfahrungswissen, und er ist jederzeit bereit, Hypothesen über Bord zu werfen, die sich nicht als tragfähig erweisen. Er bemüht sich in diesem Sinne um Objektivität und auch darum, den Weg der Datenerhebung nachvollziehbar und damit auch seine Schlußfolgerungen durch andere nachprüfbar zu machen. Das heißt nicht, daß ein Naturforscher von persönlichen Werthaltungen und Überzeugungen frei ist. Er kann bestimmte Vorstellungen des Schönen pflegen, sein Land lieben oder jedes Bekenntnis zur Nation aus persönlichen Gründen ablehnen und damit durchaus unterschiedliche politische Zielvorstellungen im Auge haben. Und es ist ihm durchaus, wie jedem anderen Bürger auch, gestattet, über seine Vorstellungen zu sprechen. Als Wissenschaftler wird er bemüht sein, seine Werthaltungen nach Möglichkeit zu begründen. Wichtig ist, daß er stets erkennen läßt, welche seiner Aussagen auf empirisch begründeten Schlußfolgerungen beruhen und welche bewertenden Charakters sind. So stufe ich, durchaus bewertend, Organismen nach Organisations- und Differenzierungsgrad in höhere und niedere ein und betrachte dementsprechend Bakterien nicht als die Krone der Schöpfung, obgleich sie an Individuenzahl und Biomasse vermutlich alles, was auf Erden lebt, übertreffen (vgl. dazu die Diskussion in diesem Buch, S. 18). Ich bejahe auch das Leben, bekenne mich zu meiner Kulturnation, zu Europa und auch zur größeren Gemeinschaft der Menschen, abgestuft sicherlich nach Nähe. Aber ich hinterfrage zugleich, wie diese meine Präferenzen zustande kommen, ob ich mit ihnen alleinstehe oder ob ich sie mit den meisten Mitgliedern meines engeren Kulturbereichs oder gar mit den meisten Menschen teile. Ich will verstehen, weshalb wir uns so leicht mit einer Gemeinschaft und ihren Symbolen identifizieren, was es mit unserer ja nicht ungefährlichen Indoktrinierbarkeit auf sich hat. Kurz, ich will herausfinden, wie diese uns oft als völlig irrational, ja unsinnig erscheinenden Phänomene zu erklären sind. Handelt es sich um stammesgeschichtlich oder kulturell entwickelte Dispositionen oder um individuell erworbene Verhaltensmuster? Erfüllen sie bestimmte Funktionen?

Bei der Frage nach der Stammesgeschichte denken die Biologen natürlich in weiten Zeiträumen. Wir wissen um die fürwahr erstaunliche Tatsache, daß uns eine ununterbrochene Ahnenkette mit jenen wahrscheinlich bereits vor drei Milliarden Jahren lebenden Urzellern verbindet, aus denen die Bakterien und Echtzeller hervorgingen. Wir wissen um die Wirkmechanismen der Evolution Bescheid: um die schöpferische Entfaltung des Lebensstromes, der in einer blinden Dynamik und in erratischem Kurs alle Lebensmöglichkeiten abtastet. Eine der erstaunlichsten Erkenntnisse ist die, daß wir offenbar als erste und einzige der Zielsetzung fähig sind und damit unseren weiteren Kurs als Art vorausdenkend planen und dementsprechend ein generationenübergreifendes Überlebensethos entwickeln könnten, das das Schicksal künftiger Generationen in Betracht zieht. In der gegenwärtigen Weltsituation ist es von größter Bedeutung, daß uns dies gelingt. Dazu ist eine freiwillige Geburtenbeschränkung in jenen Regionen Voraussetzung, in denen die ökologische Tragekapazität überschritten wird. Hiervon hängt der innere wie äußere Friede in der Welt ab und auch die Möglichkeit, ökologisch verantwortlich zu wirtschaften. Gelingt es uns nicht, das zu erreichen – und zwar in allernächster Zeit –, dann lernen wir aus Bevölkerungszusammenbrüchen, Kriegen und Revolutionen, wie schon so oft in der Geschichte. Aber müssen wir beim heutigen Wissensstand immer noch aus Katastrophen lernen?

Um dies zu verhindern, sind alle aufgerufen, über die Barrieren unterschiedlicher Weltanschauungen und Ethnizität hinweg das Gespräch zu pflegen. Wir müssen *miteinander* reden und *nicht aneinander vorbei.* Das ist sicher nicht immer leicht. Aber solange wir offenbleiben, auch eine gegnerische Meinung anzuhören und zu überdenken, lohnt sich das Gespräch, selbst wenn wir einander nicht überzeugen. Man lernt nicht nur, den Partner zu verstehen, sondern auch, was ihm mitunter an der eigenen Weise, sich auszudrücken, Schwierigkeiten des Verstehens bereitet oder auch, was affektive Ablehnung hervorruft, die man eigentlich vermeiden will.

Als ein gelungenes Gespräch ist mir das *Stern*-Streitgespräch mit Daniel Cohn-Bendit in guter Erinnerung, das der *Stern*-Redakteur Peter Sandmeyer mit Geschick moderierte. Wir waren in diesem Gespräch Meinungsgegner, aber wir waren darüber hinaus Partner im Gespräch und kamen einander so wohl auch näher. Für mich war es ein interessantes und profitables Gespräch. Ich darf es hier für meine Leser mit Erlaubnis des *Stern* wiedergeben (es ist 1992 in der Nr. 52, S. 32–42, veröffentlicht worden):

Abb. 25 Irenäus Eibl-Eibesfeldt und Daniel Cohn-Bendit beim *Stern*-Streitgespräch. – Foto: Robert Lebeck/STERN/PICTURE PRESS Life.

Stern: Herr Cohn-Bendit, Sie fordern »das Wagnis der multikulturellen Demokratie«. Zeigen die jüngsten Ereignisse nicht, daß das »Wagnis« in Wahrheit ein Schrecknis ist?

Cohn-Bendit: Jede gesellschaftliche Entwicklung ist ein Pulverfaß. Aber wir versuchen ja gerade in unserem Buch zu zeigen, daß die Frage »Bin ich für oder gegen die multikulturelle Gesellschaft?« falsch gestellt ist. Wir haben diese Gesellschaft. Wir leben in ihr. Zuwanderung wird es auch weiterhin geben – egal, welche Regelungen man dafür zu finden versucht.

Stern: Haben Sie von der Zukunft dieser Gesellschaft eine bestimmte Vision?

Cohn-Bendit: Nein. Visionär ist allenfalls die Hoffnung, daß man bei uns die Tatsache der Einwanderung anerkennt und lernt, das Positive daran aufzugreifen und die Schwierigkeiten gelassen zu meistern.

Stern: Herr Professor Eibl-Eibesfeldt, ist das eine Vision oder eine Utopie?

Eibl-Eibesfeldt: Auf jeden Fall ist sie sehr problematisch, diese multikulturelle Immigrationsgesellschaft, wie sie Cohn-Bendit oder auch Heiner Geißler skizziert haben. Wenn in einem dichtbevölkerten Land konkurrierende Solidargemeinschaften entstehen, ist das gefährlich – um so gefährlicher, je unterschiedlicher diese Gemeinschaften sind. Bei der europäischen Binnenwanderung, die es seit Jahrhunderten gibt, sehe ich weniger Probleme, denn da sind die Immigranten immer in den neuen Nationen aufgegangen, sie wurden zu Deutschen, zu Wienern, zu Franzosen ...

Cohn-Bendit: Stimmt nicht! Gucken Sie sich meine Eltern an. Die sind 1933 nach Frankreich ausgewandert; mein Vater ist 1949 nach Deutschland zurückgekehrt, meine Mutter in Paris geblieben. Aber sie sind nie Franzosen geworden. Sie sind von Frankreich veränderte deutsche Emigranten geblieben.

Eibl-Eibesfeldt: Ja, sicher, aber innerhalb von zwei Generationen kommt es gewöhnlich zu einer Assimilation. Es hat seinerzeit auch bei der polnischen Einwanderung ins Ruhrgebiet anfangs eine Abgrenzung der Polen gegeben, die zu Konflikten geführt hat.

Cohn-Bendit: Zuerst sind sie ausgegrenzt worden! Das hat dann zu ihrer Abgrenzung geführt.

Stern: Letzten Endes ist doch aber dabei Schimanski herausgekommen.

Cohn-Bendit: Auf den heute alle Deutschen stolz sind.

Eibl-Eibesfeldt: Der spricht und denkt ja auch deutsch. Die Einwanderer sind der Kultur des Gastlandes beigetreten. Sie haben die deutsche Sprache übernommen, sie haben sich mit der deutschen Kultur identifiziert; das mag manchmal zwei oder drei Generationen dauern, aber auf die Integration kommt es an. Wie bei den Hugenotten: Die haben ihren Glauben und ihre Kirche behalten, aber sie wurden zu Deutschen.

Cohn-Bendit: Entschuldigung, das geht mir zu schnell.

»Die wurden zu Deutschen«, sagen Sie und dann so salopp und nebenbei: »Das hat zwei, drei Generationen gedauert.«

Eibl-Eibesfeldt: Ja, sicher. Es hat manchmal auch Konflikte gegeben.

Cohn-Bendit: Meistens. Aber unser Problem heute ist doch gerade ein Rechtssystem in Deutschland, das Einwanderern gar keine Möglichkeit gibt, den Status des Ausländers zu verlassen. »Deutscher ist, wer deutschen Blutes ist«, heißt es im Staatsangehörigenrecht. Ein in Deutschland geborener Türke kann kein Deutscher werden. Der ist permanent Ausländer.

Eibl-Eibesfeldt: Aber das malen Sie doch ein bißchen schwarz. Es werden doch ganz viele Ausländer zu deutschen Staatsbürgern.

Cohn-Bendit: Ganz wenige.

Eibl-Eibesfeldt: Europäer haben überhaupt keine Schwierigkeiten.

Cohn-Bendit: Europäer brauchen keine deutsche Staatsangehörigkeit, weil sie der EG angehören. Die können in Deutschland leben und arbeiten, aber sie bleiben Italiener oder Franzosen. Es gibt in Deutschland keine republikanische Form der Eingliederung von Einwanderern. Wir haben eine ethnische Definition des Deutschen, und das ist nicht nur nicht modern, das ist schlimm.

Eibl-Eibesfeldt: Aber so etwas Merkwürdiges wie »ethnische Identität« finden Sie doch überall auf der Welt! Von den kleinsten Buschmann-Gruppen über große Stammesgesellschaften in Neuguinea bis hin zu ganzen Staaten. Überall werden das Familien-Ethos, die Geborgenheit und das Gesetz der Kleingruppe auf die Großgruppe übertragen. Dahinter scheint ja ein menschliches Grundbedürfnis zu stecken. Die Frage ist, ob man Ihre multikulturelle Utopie den Menschen einfach aufzwängen und dabei auch noch sagen darf: »Alles wird friedlich und schön.«

Cohn-Bendit: Wo habe ich das gesagt? Kein Wort habe ich von friedlich, kein Wort von schön gesagt.

Eibl-Eibesfeldt: Dann meine Gegenfrage: Warum wollen Sie das dann den Deutschen oder irgendeiner anderen Nation verordnen? Das fördert nicht den inneren Frieden.

Cohn-Bendit: Moment mal! Das hätte man sich früher überlegen müssen! Das ist doch politisch unverschämt. Erst holt man die Leute ins Land, weil man sie wirtschaftlich braucht, bietet ihnen dafür eine Lebensperspektive, und plötzlich, 20, 30 Jahre später, sagt man: »Stopp, wir wollen nicht mehr mit euch spielen, wir haben einen Fehler gemacht.« So kann man mit Menschen nicht umgehen.

Eibl-Eibesfeldt: Kann man keine Fehler-Korrekturen machen?

Cohn-Bendit: Das geht nicht mehr. Diese Menschen haben sich doch bei uns niedergelassen. Gucken Sie sich mal die Stadt Frankfurt an. Da leben 26 Prozent Ausländer. Die leben über 15 Jahre dort. Wollen Sie die wieder vertreiben?

Eibl-Eibesfeldt: Nein.

Cohn-Bendit: Dann geben Sie ihnen alle Bürgerrechte!

Eibl-Eibesfeldt: Gut. Aber ich glaube, man muß die Erteilung der Staatsbürgerschaft verbinden mit der Verpflichtung, sich der neuen Solidargemeinschaft anzuschließen. Sonst kann die sich in ihrer Identität bedroht fühlen.

Stern: Aber wer bedroht da eigentlich wen? Wir haben in den alten Bundesländern einen Ausländeranteil von 7,7 Prozent, in den neuen ist es ein einziges Prozent. Nun wird niemand behaupten wollen, daß die Ausländerfeindlichkeit in den neuen Bundesländern geringer ist als in den alten. Die Zahl der Einwanderer und die Gefühle im Einwanderungsland scheinen ja nicht viel miteinander zu tun zu haben.

Cohn-Bendit: Darf ich noch einmal verdeutlichen, was diese Zahlen bedeuten: In allen neuen Bundesländern zusammen gibt es nicht ganz so viele Ausländer – Asylbewerber eingeschlossen – wie in Frankfurt am Main. Und da flippen die Menschen zwischen Rostock und Zwickau schon aus.

Eibl-Eibesfeldt: Aber das ist dort eine fast irrationale Situation. Die Leute dort haben Angst. Das hängt zusammen mit dem Zerfall aller alten Institutionen, Bindungen und Identitäten. Ich habe ja viel in traditionellen Kulturen geforscht, die aus Kleingruppen bestehen, wo jeder jeden kennt und eine Atmosphäre allgemeinen Vertrauens herrscht. Der Mensch ist offenbar so gebaut, daß Bekanntheit Vertrauen stiftet, während er dem Fremden gegenüber ambivalent ist und eher zur Angst neigt. In den neuen Bundesländern ist den Menschen sozusagen alles fremd geworden.

Stern: Vergrößern die Ausländer das Angstpotential?

Eibl-Eibesfeldt: Bis zu einem gewissen Grad, ja.

Stern: Wodurch?

Eibl-Eibesfeldt: Wenn sie sich nicht integrieren, wenn sie ihre eigene Kultur pflegen, dann kommt es zu einer Konfrontation.

Cohn-Bendit: Sie sprechen ein tatsächliches Problem an. Wir haben ja unser Buch deswegen »Heimat Babylon« genannt, weil wir uns bewußt sind, daß alle Menschen Heimatbedürfnisse haben, das Bedürfnis nach einer überschaubaren Alltagsumwelt. Einwanderung aber bedeutet Verunsicherung, weil Menschen gezwungen werden, sich mit neuen, fremden Menschen, deren Kultur und Lebensweise auseinanderzusetzen. Das ist ein Problem. Nur: Die Entscheidung, daß das so ist, ist längst gefallen. Uns bleibt nur übrig, mit diesen Realitäten umzugehen und die Zusammenhänge, in denen wir leben, möglichst gut zu regeln.

Stern: Gibt es denn noch Spielraum für eine solche Regelung? Wird die allgemeine Verunsicherung nicht von Tag zu Tag größer?

Cohn-Bendit: Vielleicht. Aber das hängt nicht mit den konkreten Zahlen zusammen. Sie wissen genauso wie ich, daß es Antisemitismus gibt auch ohne einen einzigen Juden. Nicht die Einwanderung oder der Fremde sind bedrohlich, sondern die Imagination der Einwanderung, der Mythos, die Einbildung.

Stern: Nun sind die rumänischen Zigeuner bei uns aber unübersehbar. Die sind ja keine Einbildung.

Cohn-Bendit: Gut. Die Roma aus Rumänien sind eines der schwierigsten gesellschaftlichen Probleme, das man nicht in einem Land allein lösen kann. Die leben wirklich so, wie Professor Eibl-Eibesfeldt das warnend beschrieben hat, als eine enge Gemeinschaft, in der Unterdrückung gestählt.

Stern: ... mit dem festen Vorsatz, sich nicht zu integrieren.

Cohn-Bendit: Falsch, schauen Sie sich doch die Geschichte der Roma und Sinti in Deutschland an, da hat sich ja ein Großteil integriert. Es wird immer eine Minderheit geben, die es nicht tut. Und die ist in der Tat aggressiv und herausfordernd. Aber da stellt sich die Frage des Umgangs mit ihr, der Unterbringung. Wenn man die einfach irgendwo campen läßt, dann bekommt man die Ergebnisse von Rostock. Da sind Stadtverwaltung, Landesverwaltung, Politik gefragt. Wenn die ihren Job nicht machen, gibt's eine Katastrophe. Aber die ist dann politisch hervorgerufen.

Stern: Nicht zuletzt die optisch und sozial besonders auffälligen Zigeuner haben ja bei etlichen Deutschen das Gefühl hervorgerufen, das Boot sei voll. Mehr Ausländer vertrage das Land nicht. Ist das Boot voll?

Eibl-Eibesfeldt: Ökologisch würde ich sagen: ja. Das gilt aber nicht nur für Deutschland, sondern für ganz Europa. Wenn die europäische Bevölkerung gleichmäßig um etwa ein Drittel sinken würde, dann könnten wir nach wie vor einen hohen Stand der technischen Zivilisation halten, wären aber weniger gefährdet. Malen Sie sich bloß einmal aus, was passieren würde, wenn Europa von der Öleinfuhr abgeschnitten würde. Über Nacht würde hier Massenelend herrschen. Deshalb bin ich gegen weitere Zuwanderungen.

Cohn-Bendit: Die geschickteste Argumentation gegen die Einwanderung ist natürlich die ökologische, weil sie davon ausgeht – und wer wollte da widersprechen –, daß die Gesellschaft nicht beliebig ausdehnbar, sondern begrenzt ist von ihren natürlichen Möglichkeiten. Nur: Wir können uns die Welt leider nicht ausdenken, wir finden sie vor. Ich stimme Ihnen ja zu: Jede Auswanderung und jede Einwanderung ist eine Qual für Körper und Seelen. Sie erfordert eine irrsinnige zivilisatorische Leistung der Neuorientierung, und die muß von beiden Seiten aufgebracht werden, von den Einwanderern und denen, die sie aufnehmen. Mir wäre es auch lieber, wenn dieser Wanderungsdruck aufhören würde. Das erfordert eine vernünftige Weltpolitik und Zeit – 10, 15, 20 Jahre. Und in dieser Zeit müssen wir die Einwanderung politisch strukturieren.

Stern: Sonst?

Cohn-Bendit: Sonst verdienen wir das Schicksal anderer Völker, die Einwanderung schlecht geregelt haben. Am schlechtesten die nordamerikanischen Indianer. Das Ergebnis ist bekannt.

Eibl-Eibesfeldt: Daß die die Leute von der »Mayflower« durchgefüttert haben, war ihr größter Fehler.

Stern: Eibl-Eibesfeldt sagt, daß Boot sei voll. Cohn-Bendit sagt, es ist noch Platz an Bord. Wie viele passen noch rein?

Cohn-Bendit: Es gibt in der Bundesrepublik trotz der starken Einwanderung in den letzten 20 Jahren nicht mehr Menschen als vorher. Viele glauben ja, die Bevölkerungsdichte sei immer größer geworden, aber das stimmt nicht. Neu ist nur das Ende der Lebenslüge vom »Gastarbeiter«, der als Gast kommt, arbeitet und wieder geht. In Frankfurt-Höchst wohnen heute 36 Prozent Immigranten

– auch wegen der Hoechst AG –, und die werden dort bleiben. Mit denen müssen wir Heimat neu definieren.

Eibl-Eibesfeldt: Wenn Sie sagen, wir müssen akzeptieren, was ist, würde ich zustimmen. Mit der Einschränkung aber, daß in Zukunft die Integration absolut im Vordergrund steht. Und da hört man aus dem Mund von Politikern oft das genaue, unkluge Gegenteil. Deutschland brauche 200 000 bis 300 000 Einwanderer pro Jahr, hat Herr Klose kürzlich gesagt, weil für gewisse Arbeiten keine Deutschen zur Verfügung stehen. Das ist doch Sklavenhaltermentalität! Früher haben Angebot und Nachfrage den Arbeitsmarkt reguliert. Wenn man keine Krankenschwestern mehr für einen bestimmten Preis bekommen hat, dann mußte man eben raufgehen mit den Preisen. Heute holt man die Krankenschwestern aus Korea, importiert also Preisdrücker.

Cohn-Bendit: Aber das ist ja genau das Problem der Debatte! Diese Gesellschaft will alles zugleich. Sie will eigentlich keine Einwanderung, aber sie will auch keine Einschränkungen. Sie will ihren Lebensstandard und ein bestimmtes Fortschrittstempo halten. Alles zusammen ist nicht möglich. Es ist übrigens genauso unmöglich, was manche Linke wollen, die sagen: Einwanderung ja, aber von dem Augenblick an, wo sie hier sind, sollen die Einwanderer gefälligst unser progressives Bewußtsein haben. Wir wollen autofreie Innenstädte, aber die kommen natürlich auch, um Auto zu fahren. Es gibt nicht nur eine soziale Ungleichheit, sondern auch eine Erfahrungsungleichheit. Genau deswegen brauchen wir ein Einwanderungskonzept und eine pluralistische Integration, die nicht den Einheitsdeutschen anstrebt, sondern dafür sorgt, daß Türken Türken bleiben können und Taubenzüchter Taubenzüchter und Lesben Lesben und alle friedlich miteinander leben, als gleichberechtigte Bürger.

Stern: Das klingt aber doch sehr nach multikulturellem Paradies ohne Konflikte.

Cohn-Bendit: Es gibt Konflikte. Es gibt zwischen Ausländern und Deutschen unbestreitbar eine Real-Konkurrenz in der Unterschicht: um Wohnungen, um Arbeitsplätze, um Schulbildung und so weiter. Aber es gibt unter den Deutschen noch ein anderes Phänomen, das ich Wohlstands-Chauvinismus nenne. Nehmen Sie die Stadt Pforzheim, eine der reichsten Städte der Welt mit einer der niedrigsten Arbeitslosenzahlen – aber 20 Prozent Republikaner-Wählern. Die sind nicht von Konkurrenz bedroht, sondern von der Angst, etwas abgeben zu müssen an Lebensqualität, an deutscher Identität, etwas einzubüßen von ihrer Sattheit.

Stern: Kein Mensch verzichtet gern auf Wohlergehen. Wie wollen Sie dieser Stimmung begegnen?

Cohn-Bendit: Ein Signal wäre die Wahl eines Asylbeauftragten mit Zwei-Drittel-Mehrheit des Bundestags, der dann Vorschläge entwickelt. Ein anderes Signal wäre ein Einwanderungsgesetz.

Stern: Einwanderungsland Deutschland – mit exakt reglementiertem Zutritt?

Cohn-Bendit: Ich habe keine Scheu vor der Reglementierung der Einwanderung und entsprechenden Kontrollen an den Grenzen. Nur hört es da nicht auf, sondern fängt erst an. Wie setzt man Einwanderungskonzepte in den Städten um, in den Stadtteilen, in den Schulen? Wir können nicht einfach die Assimilation verlangen. Die stärkste Waffe der Integration ist für mich die Demokratie. Wir geben den Einwanderern alle demokratischen Rechte, aber sie haben dann auch alle demokratischen Pflichten.

Eibl-Eibesfeldt: Widerspruch! Ich halte die Assimilation für notwendig, weil ich befürchte, daß in Krisensituationen, wie sie uns sicher bevorstehen, eine Gruppe, die sich als anders absetzt, das Ziel von Angriffen wird. Das ist gefährlich.

Cohn-Bendit: Sie fordern damit auch die Assimilation der

Juden. Juden dürfen demnach ihre eigene Identität nicht behalten.

Eibl-Eibesfeldt: Aber entschuldigen Sie! Heine hat deutsch gedichtet. Heine war ein Deutscher. Mendelssohn war ein Deutscher.

Cohn-Bendit: Auch die jungen Türken sprechen deutsch.

Eibl-Eibesfeldt: Dann werden sie zu Deutschen.

Cohn-Bendit: Ändern Sie erst mal die Definition des Deutschen als Bluts-Definition. Sind Sie dafür?

Eibl-Eibesfeldt: Ich würde sagen: Ja, wenn die Einwanderung aus dem europäischen Raum kommt.

Cohn-Bendit: Nein! Einwanderer sind Einwanderer. Wir haben ja auch ohne Probleme die chilenischen Flüchtlinge verkraftet, aus denen inzwischen zum Teil Deutsche geworden sind.

Eibl-Eibesfeldt: Aber das waren ja auch Lateinamerikaner! Problematisch wird es doch, wenn, wie Klose sagt, zum Beispiel 300000 Einwanderer aus Afrika kämen. Das würde auch eine biologische, anthropologische Veränderung Deutschlands herbeiführen.

Cohn-Bendit: Dann müssen Sie die Grenzen nach Frankreich schließen, weil in Frankreich ein paar Millionen Franzosen maghrebinischer Abstammung leben.

Eibl-Eibesfeldt: Sie wollen den Anschein erwecken, als ob die Integrationsfähigkeit eines Landes unbegrenzt ist. Das ist sie aber nicht. Man muß sich doch auch fragen: Was ist einer Bevölkerung zumutbar? Ab wann überfordert man sie?

Cohn-Bendit: Aber wie wollen Sie die Zumutbarkeit kalkulieren? Die Unmöglichkeit sehen Sie doch am Beispiel der neuen Bundesländer. 26 Prozent Ausländer in Frankfurt, und es klappt – ein Prozent Ausländer in der Ex-DDR, und es klappt nicht.

Eibl-Eibesfeldt: Aber gerade dort zeigt sich, wie kritisch die Lage in einer Angst-Situation plötzlich werden kann. Deswegen brauchen wir die Assimilation.

Cohn-Bendit: Bloß nicht! Stellen Sie sich mal die Bundesliga vor, wenn alle ausländischen Spieler, Yeboah eingeschlossen, wie deutsche spielen würden. Das wäre doch gräßlich. Gerade das Beispiel Bundesliga beweist doch, wie toll es ist, wenn Menschen hierher kommen, die ein bißchen anders sind.

Eibl-Eibesfeldt: Ja und nein. Es kommt wirklich auf den prozentualen Anteil an. Die Menschen sind ja nicht so, daß sie andere Ethnien grundsätzlich ablehnen. Wenn aber eine Bevölkerung sich so vermehrt, daß sie auf ihre Nachbarn Druck ausübt und sie gewissermaßen moralisch zur Aufnahme verpflichtet, bloß weil dort weniger sind, dann ist das ein Riesenproblem. Man kann das gerade in Brasilien studieren am Beispiel der Verdrängung der Urwaldindianer durch Menschen aus den überquellenden Elendsvierteln von Rio und São Paulo.

Cohn-Bendit: Völlig richtig. Ich wäre blöd, das nicht zu sehen. Genau deswegen will ich ein Einwanderungsgesetz und einen Asylbeauftragten, damit die Debatte durchsichtig und einsichtig für die Bevölkerung wird.

Eibl-Eibesfeldt: Aber es herrscht ja jetzt schon Unruhe in der Bevölkerung wegen des Anwachsens konkurrierender Gruppen, darauf muß man doch Rücksicht nehmen.

Cohn-Bendit: Gefährlich, gefährlich! Es gibt auch gegenüber den Juden Unruhe in Deutschland. Es gibt aber nur 40000 Juden im ganzen Land.

Eibl-Eibesfeldt: Diese Unruhe gibt es nicht. Das sind Ausnahmen, einige Verrückte.

Cohn-Bendit: Ich lade Sie gerne ein, mal die Aktenordner mit Drohbriefen zu lesen, die ich bekomme. Zu 90 Prozent fangen sie mit allgemeinen Beschimpfungen von Ausländern an und hören mit Schmähungen der Juden auf. Wie gesagt: Obwohl es kaum Juden gibt, gibt es dieses rassistische Vorurteil. Deswegen ist auch die Asyl-Debatte, wie sie geführt wurde und wird, so gefährlich. Die Verunsicherung, die sie schürt, macht nicht halt bei den

Asylbewerbern, sie gilt am Ende allen Fremden, die bei uns leben. Die meisten Deutschen haben Asylbewerber doch nur im Fernsehen gesehen.

Eibl-Eibesfeldt: Aber sie haben vielleicht gelegentlich auch eine Zeitung gelesen. Da erfuhr man beispielsweise, daß jeder Asylbewerber pro Jahr mindestens 15000 Mark kostet. Das ist bei einer halben Million Asylbewerbern in diesem Jahr eine ganz hübsche Summe.

Cohn-Bendit: Richtig. Die liegen uns auf der Tasche. Um genau zu sein, seit 1981, als die Regierung Schmidt die »Asylanten-Flut« – damals waren es 100000 – begrenzen wollte und ihnen deswegen Arbeitsverbot erteilte. Man schafft also erst eine soziale Situation, die Aggressivität in der Bevölkerung hervorruft, und beruft sich dann auf diese Aggressionen, um die Situation zu »bereinigen«. Wer die Bevölkerungsgruppe in dieser Richtung kitzelt, der hält sie nicht mehr auf.

Stern: Wo ist der Weg zurück zum Konsens?

Eibl-Eibesfeldt: Die bis jetzt Eingewanderten, die nicht zurückwandern wollen oder können, müssen zu Deutschen werden. Sie müssen sich unserer Solidargemeinschaft anschließen. So wie die Juden, die dem Glauben nach Juden bleiben, aber sonst Deutsche sind.

Cohn-Bendit: Wir sind vielleicht nicht so weit auseinander. Bundeskanzler Kohl hat sich ja nach dem Mordanschlag von Mölln vor die Fernsehkameras gestellt und gesagt: Die Opfer gehören emotional zu uns. Gut. Besser wäre es gewesen, wenn er fortgefahren wäre: »Und deswegen werden wir ermöglichen, daß Menschen, die hier geboren sind oder seit zehn Jahren hier leben, das Recht auf die deutsche Staatsbürgerschaft haben.« Das würde entkrampfen.

Eibl-Eibesfeldt: Nur, wenn sie sich unserer Solidargemeinschaft anschließen.

Cohn-Bendit: Das tun die doch! Die zahlen Steuern, die zahlen Kranken- und Sozialversicherung.

Eibl-Eibesfeldt: Ich meine, daß sie auch Deutsch sprechen.

Stern: Und Schillers »Glocke« auswendig lernen?

Eibl-Eibesfeldt: Das nicht. Das muß man nur in der Schweiz.

Cohn-Bendit: Aber Herr Professor, kommen Sie doch mal in einen Frankfurter Stadtteil. Die türkischen Jugendlichen, die hier geboren sind, sprechen Deutsch mit hessischem Akzent. Wenn die nach zehn Jahren in die Türkei kommen, werden sie dort als »die Deutschen« bezeichnet.

Eibl-Eibesfeldt: Wenn das so ist, dann dürfte es Deutschland ja gelingen, mit dem Problem fertig zu werden. Im Augenblick scheint es mir aber noch so, als würden sich Gemeinschaften bilden, die sich gegeneinander abgrenzen. Das muß nicht auf Dauer so sein, wenn man die Integration und auch die Assimilation fördert. Nur: Bei weiterer Zuwanderung sehe ich schwarz.

Cohn-Bendit: Wir stehen aber nicht vor der Frage, ob wir weitere Zuwanderung wollen oder nicht. Wir stehen nur vor der Frage, ob und wie wir sie regeln wollen.

ANHANG

Anmerkungen

1 Der Verfasser stützt seine Aussagen auf eine dreißigjährige kulturenvergleichende Forschertätigkeit, der eine zwanzigjährige tierethologische Forscherpraxis voranging. Die Ergebnisse dieser Forschungen fanden ihren Niederschlag in zwei Werken: *Grundriß der vergleichenden Verhaltensforschung.* München (Piper) 1967, [7]1987 und *Biologie des menschlichen Verhaltens – Grundriß der Humanethologie.* München (Piper) 1984, [4]1997. Zu Zeitproblemen äußerte ich mich in den Schriften: *Der Mensch – das riskierte Wesen.* München (Piper) 1988, [3]1997 und *Wider die Mißtrauensgesellschaft.* München (Piper) 1994, [3]1997. In allen diesen Werken wies ich auf uns angeborene Verhaltensdispositionen hin, betonte aber, daß wir als »Kulturwesen von Natur« darauf angewiesen und dazu fähig sind, selbst die elementarsten unserer Antriebe zu zügeln. Um das deutlich zu machen, setzte ich den Kapiteln meiner *Humanethologie* Mottos voran, die das klarmachen. Zur Evolution von Fürsorglichkeit und Liebe vgl. I. Eibl-Eibesfeldt: *Liebe und Haß.* München (Piper) 1970, [12]1998.

2 Die Forschungsarbeiten erfolgten im Rahmen des Schwerpunktprogramms der Deutschen Forschungsgemeinschaft: »Interdisziplinäre Erforschung von Mensch, Kultur und Umwelt im zentralen Hochland von West Irian (Neuguinea)«. Die Anregung dazu ging vom Berliner Museum für Völkerkunde aus. Initiatoren waren Gerd Koch und Klaus Helfrich. Über die Ergebnisse des Forschungsprogramms erschien im Dietrich Reimer Verlag, Berlin, die von K. Helfrich, V. Jacobshagen, G. Koch, K. Krieger, W. Schiefenhövel und W. Schultz herausgegebene Schriftenreihe *Mensch, Kultur und Umwelt* (bisher 22 Publikationen). In ihr erschien auch 1989 der ethologisch rele-

vante Beitrag *Kommunikation bei den Eipo* von I. Eibl-Eibesfeldt, W. Schiefenhövel und V. Heeschen. Im Rahmen der *Encyclopaedia cinematographica* (Institut für den Wissenschaftlichen Film, Göttingen) wurden ferner eine Reihe von Filmeinheiten veröffentlicht. Sie sind in der in Anm. 1 zitierten *Biologie des menschlichen Verhaltens* aufgelistet. Ein Übersichtsfilm wurde von dem (mittlerweile unbegreiflicherweise aufgelösten) Österreichischen Bundesintitut für den Wissenschaftlichen Film veröffentlicht: I. Eibl-Eibesfeldt, W. Schiefenhövel: *Motukwe – Unsere Regenwelt. Die Eipo im zentralen Hochland von West-Neuguinea (Irian Jaya)*. Begleitveröffentlichung zum Wissenschaftlichen Film P 2319 des ÖWF (Wien), Nr. 48/49 (1997), 119–158.

3 Die flugunfähigen Vögel zeigen vor Menschen keine Scheu. Man kann ihnen daher jede Gabe leicht wegnehmen.

4 Das betrifft natürlich nur die heute lebenden Formen. Unter den ausgestorbenen Reptilien gab es sicher in den Linien, die sich zu den Vögeln und Säugern entwickelten, Übergangsformen, bei denen sich individualisierte Brutpflege und das »Wir und die anderen« bereits anbahnten.

5 Ich nahm zweimal als Beobachter an kriegerischen Auseinandersetzungen der Enga teil.

6 Der italienische Forscher Luigi Lucca Cavalli Sforza (1991) hat die weltweite Verbreitung einiger hundert menschlicher Gene erforscht, die genetischen Abstände verschiedener Populationen festgestellt und danach auf genetischer Verwandtschaft begründete Stammbäume rekonstruiert. Sie deckten sich bemerkenswerterweise mit jenen der Sprache, was belegt, daß Gene, Völker und Sprachen sich gemeinsam auseinanderentwickelten.

7 In meiner Streitschrift *Wider die Mißtrauensgesellschaft* führte ich aus, daß bei einer Fortdauer des in den späten achtziger Jahren beobachteten Trends die türkische Wohnbevölkerung Deutschlands im Jahre 2125 die deutsche Bevölkerung majorisieren könnte. Die Modellrechnung, die, wie betont sei, keine Prognose darstellt, ging von rund 75 Millionen Deutschen und 1,8 Millionen Türken aus, dem Stand des Jahres 1990. Die jährlichen Wachstumsraten der Deutschen betrugen damals –0,5 %, die der Türken 2 %. Als Nettozuwanderung auf Grund des Ge-

setzes über die Familienzusammenführung wurden jährlich 50000 Personen gerechnet. Mittlerweile (1997) zählt die türkische Bevölkerung rund 2,2 Millionen. Das ist immerhin die Bevölkerung von 22 Großstädten mit je 100000 Einwohnern! Bei Fortdauer des gegenwärtigen Trends vermehrt sich dieser Bevölkerungsanteil alle zwei Jahre um eine weitere Großstadt. Die Entwicklung läuft also bisher nach dem vorgestellten Modell, und zwar trotz der Einbürgerungen. Dabei muß bedacht werden, daß viele der Eingebürgerten sich als deutsche Türken bezeichnen und nicht als Deutsche und daß die Religion in vielen Fällen das Einheiraten in die deutsche Bevölkerung erschwert.

8 Artikel 56 des Grundgesetzes für die Bundesrepublik Deutschland lautet: »Der Bundespräsident leistet bei seinem Amtsantritt vor den versammelten Mitgliedern des Bundestages und des Bundesrates folgenden Eid: ›Ich schwöre, daß ich meine Kraft dem Wohle des deutschen Volkes widmen, seinen Nutzen mehren, Schaden von ihm wenden, das Grundgesetz und die Gesetze des Bundes wahren und verteidigen, meine Pflichten gewissenhaft erfüllen und Gerechtigkeit gegen jedermann üben werde. So wahr mir Gott helfe.‹ [...]« Analog hierzu bestimmt Artikel 64 GG, daß der »Bundeskanzler und die Bundesminister [...] bei der Amtsübernahme vor dem Bundestage den in Artikel 56 vorgesehenen Eid« leisten.

Dabei dürfte das Wohl des deutschen Volkes Priorität haben. Sollten sich daher Artikel des Grundgesetzes wie das mittlerweile so weidlich ausgenutzte Asylgesetz als dem Wohl des deutschen Volkes abträglich erweisen, dann wäre wohl eine Neuformulierung angebracht.

9 In einem kritischen Artikel zu diesem Thema schrieb der *Spiegel* 1997 unter dem Titel »Zeitbomben in den Vorstädten«: »Immer mehr Bürger fühlen sich im eigenen Land bedroht, mißbraucht und in die Defensive gedrängt. Eigene Erfahrungen, diffuse Ängste und Erlebnisberichte aus zweiter Hand erzeugen ein Klima, in dem die Schuldigen rasch ausgemacht sind. Nach einer bisher unveröffentlichten Umfrage in einer Großstadt Nordrhein-Westfalens sind inzwischen mehr als 40 Prozent der Bewohner der Ansicht, daß ›sich die Deutschen im eigenen Land gegen die vielen Ausländer wehren müssen‹. 1995 glaubten das lediglich ein Viertel der Befragten.

Verstärkt wird dieses Gefühl durch die täglichen Nachrichten über Straftaten von Ausländern. Wenn

- rumänische Banden allein in den letzten Wochen im norddeutschen Raum 45 Tresore knacken;
- Osteuropäer und Türken die Reviere an der Hamburger Reeperbahn unter sich ausschießen und dabei in einem Jahr 20 Tote und 40 Verletzte auf dem Pflaster liegen;
- der Türke Mulis P. in der vergangenen Woche nach Deutschland ausgeliefert wurde, weil er mit seiner 500 Mann starken Bande allein zwischen 1988 und 1990 rund 90000 Kurden nach Deutschland geschmuggelt haben soll; und
- die Kieler Industrie- und Handelskammer ihre Mitglieder über den Umgang mit Schutzgelderpressern per Faltblatt informieren muß,

ist bei vielen der erste Reflex: Deutschland verkommt zum Ausplünderungsland« (*Der Spiegel*, Nr. 16, 1997, S. 79).

10 Eine Ausgrenzung Rußlands könnte verheerende Folgen für Europa haben. Ich teile hier die Ansicht, die Rolf Hochhuth in der *Zeit* (Nr. 23 vom 28. 5. 1998) unter dem Titel »Nato im Osten? Das gibt Krieg!« veröffentlichte. Eine entmilitarisierte Zone zwischen Rußland und der Nato schiene mir auch friedenssichernder. Eine Erweiterung der Nato ohne Einbezug Rußlands halte ich für gefährlich. Reaktionen auf Herausforderungen dieser Art sind bisher nie rational gewesen. Vorsicht ist immer geboten, aber Mißtrauen und Angst sind keine guten Berater. Das sollten wir aus der Geschichte der beiden Weltkriege eigentlich gelernt haben.

11 Jonas spricht von »jeweils wachruft«. Das ist, wie ich vermute, nur flüchtig ausgedrückt, denn Jonas ist sich sicher dessen bewußt, daß das Gefühl nationaler Zusammengehörigkeit nicht nur in Kriegssituationen erlebt wird, obgleich Feinde den Zusammenhalt bekräftigen. Das tun aber auch andere Notstände und nicht zuletzt die Begeisterung für gemeinsam zu bewältigende positive Aufgaben.

12 Nachdem Ehalt sechs Qualitäten europäischer Kultur besprochen hat, schließt er: »Ich glaube, daß Wirtschaftserfolge, Leistungen, Innovationsgeist die Voraussetzungen fürs Überleben Europas sind. Aber ohne Bewußtmachung der europäischen Wertebasis im sozialen Bewußtsein, in der Kunst und in der

Kultur werden wir nicht wissen, warum und wozu wir wohin gehen sollen. Nur wenn Europa sich seine Einheit in Geist, Witz, Skepsis, Kritik bewußt macht und neues Selbstbewußtsein findet, wird es ein für die Gestaltung und Kultivierung der Welt wichtiger Partner sein. Wir wissen, daß nur wer sich selbst achtet, beziehungsfähig ist. Was einst Ph. W. von Hornigk für Österreich postuliert hat, gilt heute für Europa: Europa über alles, wenn es nur will« (H. Ch. Ehalt, *Die Presse* vom 5. 2. 1998, S. 2).

13 Hubert Markls Aufsatz *Wissenschaft, das Hirn der Gesellschaft* endet mit den Worten: »Eines nämlich lehrt uns die Evolution des Gehirns ganz gewiß: daß sich zuviel davon so wenig als schädlich erwiesen hat wie zuviel an Wissen schädlich sein wird, das wir der Wissenschaft und der Forschung verdanken. Aber wirklich geprüftes, zuverlässiges, soweit wie menschenmöglich wahres Wissen muß es sein, Wissen nach dem Goldstandard sozusagen, wie es nur die Wissenschaft, das Gehirn der Gesellschaft, verfügbar zu machen vermag.«

Literaturverzeichnis

BAILEY, K. (1987): Human Palaeopsychology. Applications to Aggression and Pathological Processes. London (Lawrence Erlbaum Ass.).

BEHNE, K.-E. et al. (Hrsg.): Musikpsychologie. Jahrbuch der Deutschen Gesellschaft für Musikpsychologie, Bd. 12, 1995. Wilhelmshaven (Florian Noetzel Verlag).

BIOCCA, E. (1970): Yanoama: The Narrative of a White Girl Kidnapped by Amazonian Indians. New York (E. P. Dutton).

BLAFFER-HRDY, S. (1988): Comments on George Williams' Essay on Morality and Nature. Zygon, 23, 409–411.

BOESCH, C. und BOESCH, H. (1981): Possible causes of sex difference in the use of natural hammers by wild chimpanzees. J. of Human Evolution, 13, 415–440.

BRADE, A. C. und RHODE-JÜCHTERN, T. (1991): Das völkische Lied. N. S. Indoktrination in der Jugend. Bielefeld, 77.

BRIMELOW, P. (1995): Alien Nation. Common Sense about America's Immigration Disaster. New York (Random House).

BURGER, R. (1997): Die falsche Wärme der Kultur. In: WOLF, A. (Hrsg.): Neue Grenzen. Rassismus am Ende des 20. Jahrhunderts. Wien (Sonderzahl), S. 85–98.

CASHDAN, E. A. (1983): Territoriality among Human Foragers. Current Anthropology, 24, 47–55.

CAVALLI-SFORZA, L. L. (1991): Genes, Peoples and Languages. Scientific American Nr. 11, 72–78.

DAHRENDORF, R. (1981): Vom Gesellschaftsvertrag zur Anomie. In: RÖSSNER, H. (Hrsg.): Rückblick in die Zukunft. Berlin (Severin und Siedler), 84–93.

DANZER, A. (1889): Unter den Fahnen. Die Völker Österreich-Ungarns in Waffen. Wien (F. Tempsky).

DENNEN, J. G. M. van der (1992): The Sociobiology of Sex Differences and the Battle of the Sexes. Groningen (Origin Press).

DOUGLAS, M. (1994): The stranger in the Bible. Arch. europ. sociol., 35, 283–298.

EHALT, H. Chr. (1998): Europa neu denken. In: *Die Presse* vom 5. 2. 1998, Gastkommentar, 2.

EIBL-EIBESFELDT, I. (1950): Über die Jugendentwicklung des Verhaltens eines männlichen Dachses (*Meles meles L.*) unter besonderer Berücksichtigung des Spieles. Z. f. Tierpsychol., 8, 370–400.

– (1951): Zur Fortpflanzungsbiologie und Jugendentwicklung des Eichhörnchens. Z. f. Tierpsychol., 8, 370–400.

– (1965): *Cactospiza pallida (Fringillidae)*: Werkzeuggebrauch beim Nahrungserwerb. In: Encycl. Cinematogr., Publ. Wiss. Filmen, Sektion A Biol., Band 1 A, 385–390, Ed.: Wolf, G., E 597, Inst. f. d. Wiss. Film, Göttingen.

– (1970): Liebe und Haß. Zur Naturgeschichte elementarer Verhaltensweisen. München (Piper), [12]1998.

– (1975): Krieg und Frieden aus der Sicht der Verhaltensforschung. München (Piper), [4]1997.

– (1976): Menschenforschung auf neuen Wegen. Die naturwissenschaftliche Betrachtung kultureller Verhaltensweisen. Wien, München, Zürich (Fritz Molden).

– (1982): Warfare, Man's Indoctrinability and Group Selection. Z. f. Tierpsychologie, 60, 177–198.

– (1984): Ursprung und soziale Funktion des Objektbesitzes. In: EGGERS, Ch. (Hrsg.): Bindungen und Besitzdenken beim Kleinkind. München, Wien, Baltimore (Urban und Schwarzenberg), 29–50.

– (1984): Die Biologie des menschlichen Verhaltens – Grundriß der Humanethologie. München (Piper), [3]1997; Weyarn (Seehamer Verlag), [4]1997.

– (1987): Grundriß der vergleichenden Verhaltensforschung. 7. überarbeitete und erweiterte Aufl., München (Piper; [1]1967).

– (1988): Der Mensch, das riskierte Wesen. München (Piper), [3]1997.

– (1989): Familiality, xenophobia, and group selection. In: Behavioral and Brain Sciences, 12, 523, September 1989.

– (1990): Dominance, submission, and love: Sexual pathologies

from the perspective of ethology. In: Feierman, J. R. (Hrsg.): Pedophilia – Biosocial Dimensions. New York, Berlin u. a. (Springer), 150–175.
– (1991): Das verbindende Erbe. Köln (Kiepenheuer und Witsch); München (Heyne), 1993.
– (1994): Wider die Mißtrauensgesellschaft. Streitschrift für eine bessere Zukunft. München (Piper).
– (1996): Spiel, Werkzeuggebrauch und Objektivität. Vom instrumentalen Ursprung freien Denkens. In: Kulturethologische Aspekte der Technikentwicklung. Matreier Gespräche. Hrsg. LIEDTKE, M. im Auftrag des Matreier Kreises austria medien service, Graz 1996, 60–72.

EIBL-EIBESFELDT, I. und GOODALL, J. (1992): *Pan troglodytes (Pongidae)*, Termitenfischen. In: Encycl. Cinematogr., Publ. Wiss. Filmen zu Film E 3012, Göttingen Biol. 21, 89–100.

EIBL-EIBESFELDT, I. und SIELMANN, H. (1962): Beobachtungen am Spechtfinken *Cactospiza pallida*. J. Ornithol., 103, 92–101.

ERDHEIM, M. (1997): Das Eigene und das Fremde. Über ethnische Identität. In: WOLF, A. (Hrsg.): Neue Grenzen. Rassismus am Ende des 20. Jahrhunderts. Wien (Sonderzahl), 99–126.

FALGER, V. S. E. (1994): Biology as Scientific Argument in Political Debates. A Resurgent Problem in Europe. European Sociobiological Society, 33, 2–12, Groningen (Origin Press).

FLANAGAN, J. G. and RAYNER, S. (1988): Rules, decisions, and inequality in egalitarian societies. Avebury (Aldershot).

GEHLEN, A. (1940): Der Mensch, seine Natur und seine Stellung in der Welt. Berlin (Athenäum).
– (1969): Moral und Hypermoral. Eine pluralistische Ethik. Frankfurt/M. (Athenäum).

GEISSLER, H. (1990): Zugluft. Politik in stürmischer Zeit. München (Bertelsmann).
– (1995): Der Irrweg des Nationalismus. Weinheim (Beltz).

GIORDANO, R. (1992): Ich bin angenagelt an dieses Land. Hamburg (Rasch und Röhring).

GOOD, K. (1995): The Yanomami Keep on Trekking. In: Natural History, Vol. 104, No. 4, April 1995, 56–65.

GOODALL, J. (1973): Cultural elements in a chimpanzee community. In: MENZEL, E. W. (ed.): Precultural primate behavior. Symp. 4th Int. Congr. Primatol. 1 (Basel).

– (1986): The chimpanzees of Gombe. Harvard University Press, Cambridge.
GOODMAN, C. S. and BASTIANI, M. J. (1984): How embryonic nerve cells recognize one another. Sci. Amer., 251 (6), 50–58.
GROSS, G. G., BRUCE, C. J., DESIMONE, R., FLEMING, J. and GATTAS, R. (1981): Cortical visual areas of the temporal lobe. In: WOOLSEY, C. N. (ed.): Cortical sensory organization 2, 8. Totowa, N. J. (Humana Press).
GOULD, St. J. (1998): Illusion Fortschritt. Die vielfältigen Wege der Evolution. Frankfurt/M. (S. Fischer).
HÄBERLEIN, R. (1990): Kartenähnliche Darstellungen im Eiszeitalter. In: Kartographische Nachrichten, 5, 185–187.
HASS, H. (1970): Das Energon. Wien (Molden).
– (1994): Der Hyperzeller. Hamburg (Carlsen Verlag).
HASSENSTEIN, B. (1979): Willensfreiheit und Verantwortlichkeit. In: HASSENSTEIN, B. u.a. (Hrsg.): Freiburger Vorlesungen zur Biologie des Menschen. Heidelberg (Quelle und Meyer), 202–221.
HEESCHEN, V. (1990): Ninye bún. Mythen, Erzählungen, Lieder und Märchen der Eipo im zentralen Bergland von Irian Jaya (West-Neuguinea), Indonesien. (Reimer Verlag) Berlin (Schriftenreihe Mensch, Kultur und Umwelt im zentralen Bergland von West-Neuguinea; Beitrag 20), 222 ff.
HOF, H. (1996): Rechtsethologie. Recht im Kontext von Verhalten und außerrechtliche Verhaltensregelung. Heidelberg (Riv. Dekker).
HOLD, B. (1976): Attention structure and rank specific behaviour in pre-school children. In: CHANCE, M. R. A. and LARSEN, R. R. (Hrsg.): The Social Structure of Attention. London (Wiley), 177–201.
HUNTINGTON, S. P. (1993): Im Kampf der Kulturen. In: *Die Zeit*, Nr. 33, 13. 8. 1993 (Übersetzung aus dem Englischen von Stefan Schreiber).
JONAS, H. (1986): Menschenbild und Zukunftsdenken. In: KELLER, H. (Hrsg.): Denken über die Zukunft. Zürich (Ringier), 101–117.
KITZINGER, S. (1984): Sexualität im Leben der Frau. München (Biederstein).
KLOPFFLEISCH, R. (1996): Das Menschenbild im Liedgut der Hitlerjugend auf dem Hintergrund der Persönlichkeitstheorie der

»Deutschen Charakterkunde«. In: BEHNE, K.-E. et al. (Hrsg.): Musikpsychologie. Jahrbuch der Deutschen Gesellschaft für Musikpsychologie, Bd. 12, 1995. Wilhelmshaven (Florian Noetzel Verlag).
KOEHLER, W. (1921): Intelligenzprüfungen an Menschenaffen. Berlin (Springer); Neudruck 1963.
KOLAKOWSKI, L. (1981): Europa und die Illusion des kulturellen Universalismus. In: RÖSSNER, H. (Hrsg.): Rückblick in die Zukunft. Berlin (Severin und Siedler), 29–48.
KONOW, G. (1998): Sind Realisten schlechte Europäer? Maastricht und die Osterweiterung. Forschung und Lehre, 6 (98), 298–301.
KÜNG, H. (1992): Projekt Weltethos. München (Piper).
LACK, J. and TEMPLETON, J. (1995): Bold Experiment. A Documentary History of Australian Immigration since 1945. Oxford (Oxford University Press).
LASKY, M. J. (1976): Utopia and Revolution. Chicago (Chicago University Press).
LASKY, M. (1989): Utopie und Revolution. Über die Ursprünge einer Metapher oder Eine Geschichte des politischen Temperamentes. Reinbek bei Hamburg (Rowohlt).
LEE, R. B. (1979): The !Kung San. Men, Women and Work in a Foraging Society. Cambridge (Cambridge University Press).
LEE, R. B. and DEVORE, I (1968): Man the Hunter. Chicago (Aldine).
LORENZ, K. (1935): Der Kumpan in der Umwelt des Vogels. J. Ornithologie, 83, 187–413.
– (1943): Die angeborenen Formen möglicher Erfahrung. Zeitschrift für Tierpsychologie, 5, 235–409.
– (1963): Das sogenannte Böse. Wien (Borotha-Schoeler).
MARCHANT, L. F., MCGREW, W. C. and EIBL-EIBESFELDT, I. (1995): Is human handedness universal? Ethological analyses from three traditional cultures. Ethology, 101, 239–258. Berlin (Blackwell Wissenschafts-Verlag).
MARKL, H. (1986): Evolution, Genetik und menschliches Verhalten. Zur Frage wissenschaftlicher Verantwortung. München (Piper).
– (1995): Wissenschaft: das Gehirn der Gesellschaft. In: Alfried Krupp von Bohlen und Halbach-Stiftung: Zum Nutzen der Grundlagenforschung. Verleihung des Alfried-Krupp-Förder-

preises für junge Hochschullehrer und Kolloquium am 30. 11. 1995 in Villa Hügel, Essen, 21–29.

– (1995): Wanderungen: Die evolutionsbiologische Perspektive. Brandenburgische Akademie der Wissenschaften, Berichte und Abhandlungen, 1, 121–143.

MARTIN, H.-P. und SCHUMANN, H. ([4]1996): Die Globalisierungsfalle. Der Angriff auf Demokratie und Wohlstand. Hamburg (Rowohlt).

MAZUR, A. and LAMB, Th. (1980): Testosterone, Status, and Mood in Human Males. Hormones and Behavior, 14, 236–246.

MCGREW, W. C. and MARCHANT, L. F. (1992): Chimpanzees, tools, and termites: Hand preference or handedness? Current Anthropology, 33, 1.

MCGREW, W. C., TUTIN, G. E. G. and BALDWIN, P. J. (1979): Chimpanzees, tools, and termites: Cross-cultural comparisons of Senegal, Tanzania, and Rio Muni. Man (N. S.) 14, 185–214.

MIEGEL, M. (1997): Das IWG BONN in seiner Zeit. Festschrift anläßlich des zwanzigjährigen Bestehens des IWG BONN. Bonn (Schriften des Instituts für Wirtschaft und Gesellschaft e. V.).

MORRIS, D. (1968): The Naked Ape. New York (McGraw Hill).

MÜLLER BECK, H. und ALBRECHT, J. (1987): Die Anfänge der Kunst vor 30000 Jahren. Stuttgart (Theiss).

NAUMANN, F. (1994): Die menschliche Natur begrenzt das Mögliche. Ein positiver Entwurf läßt sich aus ihr nicht ableiten. In: SCHMIDT, H. und DAMASCHUN, H. (Hrsg.): Ist der Mensch paradiesfähig? Leipzig (Evang. Verlagsanstalt), 65–67.

NEWMAN, K. (1980): Incipient bureaucracy: the development of hierarchies in egalitarian organisations. In: BRITAN, G. M. and COHEN, R. (eds.): Hierarchy and Society: Anthropological Perspectives on Bureaucracy. Philadelphia (Institute for the Study of Human Issues).

OBERNDÖRFER, D. (1993): Der Wahn des Nationalen. Freiburg (Herder).

PETERSON, N. (1972): Totemism yesterday: Sentiment and local organization among the Australian aborigines. Man, 7, 12–32.

POPPER, K. R. (1984): Auf der Suche nach einer besseren Welt. München (Piper).

REYNOLDS, V. (1966): Open Grounds in Human Evolution. Man, 1, 441–452.

Reynolds, V., Falger, V. and Vine, I. (1986): The Sociobiology of Ethnocentrism. Athens (The University of Georgia Press).

Roess, F. L. (1995): The Size of Societies, Stratification, and Belief in High Gods. Politics and the Life Sciences, 14, 73–77.

Salter, F. K. (1995): Comments on the naturalistic fallacy, biology and politics. Social Science Information, 34, 333–45.

Schiefenhövel, W. (1993): Pragmatismus und Utopie als Reaktionen auf kulturellen Wandel – Beispiele aus Melanesien. In: Thomas, A. (Hrsg.): Kulturvergleichende Psychologie. Göttingen (Hogrefe), 323–337.

Schmid, J. (1992): Das verlorene Gleichgewicht. Eine Kulturökologie der Gegenwart. Stuttgart-Berlin (Kohlhammer).

Schmid, J. (1996): Unausweichlich, aber kein Fortschritt. In: *Frankfurter Allgemeine Zeitung*, Nr. 185, 11.

Schopenhauer, A.: Die Welt als Wille und Vorstellung, 4. Buch. Insel Verlag (nach der Ausg. von 1859, S. 430) [hier Zitat auf S. 47].

Segerstrale, U. (1992): Sociobiology and Feminism. Enemies or Allies? In: van der Dennen, J. M. G. (ed.): The Nature of the Sexes. Groningen (Origin Press), 221–232.

Silverman, I. (1995): Sociobiology and Sociopolitics. Social Science Information, 34 (1), 79–86.

Smith, E. A. (1988): Risk and Uncertainty in the »original Affluent society«: Evolutionary ecology of resource-sharing and land tenure. In: Ingold, T., Riches, D. und Woodburn, J. (eds.): Hunters and Gatherers; Property, Power and Ideology. Oxford (Berg), 222–251.

Soltis, J., Boyd, R. and Richerson, P. J. (1995): Can group-functional behaviors evolve by cultural group selection? Current Anthropology, 36, 473–494.

Sperry, R. (1971): How a brain gets wired for adaptive function. In: Tobach, E., Aronson, L. R. und Shaw, E. (eds.): The Biopsychology of Development. London (Academic Press), 27–44.

Steiner, J. E. (1973): The gustofacial response: Observation on normal and anencephalic newborn infants. In: Bosma, J. F. (ed.): Symposium on Oral Sensation and Perception-IV (Development in the Fetus and Infant). Bethesda, MD (Dhew and Fogarty Int. Center), 254–278.

– (1979): Human facial expressions in response to taste and smell stimulations. Child Develop. Behav., 13.

STOLLER, R. (1979): Perversion, die erotische Form von Haß. Hamburg (Rowohlt).

STRUHSAKER, T. T. and HUNKELER, P. (1971): Evidence of tool-using by chimpanzees in the Ivory Coast. Folia primat., 15, 212–219.

SÜTTERLIN, Chr. (1993): Ethologische Aspekte des Gestus weiblicher Schampräsentation. In: EAZ Ethnol.-Archäol. Zeitschrift, 34, 354–379.

SYNEK, E. (1997): Evolutionäre Ästhetik: Vergleich von prä- und postpubertären Landschaftspräferenzen durch Einsatz von computergenerierten Bildern. Diplomarbeit an der Universität Wien.

TIGER, L. (1969): Men in Groups. New York (Random House).

TODD, E. (1998): Das Schicksal der Immigranten. Deutschland, USA, Frankreich, Großbritannien. Hildesheim (Claassen Verlag).

ULRICH, R. (1984): View through a window may influence recovery from surgery. Science, 224, 420–421.

VALENZA, E. et al. (1996): Face Preference at Birth. In: Journal of Experimental Psychology: Human Perception and Performance (1996), Vol. 22, No. 4, 892–903.

WALLHÄUSER, E. and SCHEICH, H. (1987): Auditory imprinting leads to differential 2-deoxy-glucose uptake and dendritic spine loss in the chick rostral forebrain. Develop. Brain Res., 31, 29–44.

WATERS, W., MATAS, L. and SROUFFE, L. A. (1975): Infants' reactions to an approaching stranger: Description, validation and functional significance of wariness. Child Develop., 46, 348–356.

WICKLER, W. (1981): Die Biologie der zehn Gebote. Warum die Natur für uns kein Vorbild ist. München (Piper).

WIESSNER, P. (1977): Hxaro: A Regional System of Reciprocity for Reducing Risk among the !Kung San. Ph. D. Diss., University of Michigan, Ann Arbor, Univ. Microfilms.

– (1982): Risk, Reciprocity and Social Influences on !Kung San Economies. In: LEACOCK, E. and LEE, R. (eds.): Politics and History in Band Societies. Cambridge, London (Cambridge University Press) 61–84.

– (1995): Leveling the Hunter. Constraints on the Status Quest in Foraging Societies. In: WIESSNER, P. and SCHIEFENHÖVEL, W.

(eds.): Food and the Status Quest. Providence, Oxford (Berghahn Books), 171–191.

Wilson, E. O. (1975): Sociobiology, the New Synthesis. Cambridge Mass. (Belknap Press of Harvard University).

Winterhalder, B. (1986): Diet Choice, Risk, and Food Sharing in a Stochastic Environment. J. of Anthropological Archæology, 5, 369–392.

Witte, W. (1998): Medical Consequences of Antibiotic Use in Agriculture. Science, Vol. 279, 996–997.

Wolf, A. (1997): Neue Grenzen. Rassismus am Ende des 20. Jahrhunderts. Wien (Sonderzahl).

Personen- und Sachregister

SERIE PIPER

Irenäus Eibl-Eibesfeldt

Krieg und Frieden aus der Sicht der Verhaltensforschung

329 Seiten mit Abbildungen. SP 329

»Ein immenses Material, das uns zum Nachdenken nicht anregt, sondern zwingt.«
Frankfurter Allgemeine Zeitung

Liebe und Haß

Zur Naturgeschichte elementarer Verhaltensweisen. 293 Seiten. SP 113

»Ein lebendiges und instruktives Buch, strotzend von Material, das vielfach auf eigenen Forschungsreisen gewonnen wurde, überzeugend in seinen Analysen und Schlußfolgerungen.«
Frankfurter Allgemeine Zeitung

Der Mensch – das riskierte Wesen

Zur Naturgeschichte menschlicher Unvernunft. 272 Seiten mit 29 Abbildungen. SP 585

Haben wir noch eine Zukunft? Was hindert die Menschen daran, nach Einsicht vernünftig zu handeln? Solche Fragen stellen sich auch dem Biologen Irenäus Eibl-Eibesfeldt, der seit Jahrzehnten menschliches Verhalten erforscht. In seinem Buch zur Naturgeschichte menschlicher Unvernunft setzt er sich temperamentvoll mit solchen Fragen auseinander und gibt allgemeinverständliche Antworten aus der Sicht des Biologen und Humanethologen.

Wider die Mißtrauensgesellschaft

Streitschrift für eine bessere Zukunft. 255 Seiten. SP 2173

Ein Naturwissenschaftler, der den Mut hat, sich einzumischen, hat ein provozierendes Buch geschrieben.

»Jedenfalls ein intelligentes, ehrliches, mutiges und äußerst interessantes Buch, zudem sehr gut lesbar, das Zustimmung und Widerspruch hervorrufen wird.«
ekz-Informationsdienst

»So redlich wie mit Eibl-Eibesfeldt ist zur Zeit kaum mit jemandem zu diskutieren. Denn er will nicht Standpunkte polarisieren, sondern ›den Rahmen des Möglichen empirisch und rational‹ ausloten.«
Salzburger Nachrichten

Galápagos

Die Arche Noah im Pazifik. 507 Seiten mit 43 farbigen und 229 schwarzweißen Abbildungen sowie 52 Karten im Inselführer. SP 1232